똥싸는 자세로

남성의
고민
해결!

머리말 미래의 자신을 위해서 하고 있는 일이 있나요?

이 책을 구매해 주신 여러분, 정말 감사합니다! 그리고 질문을 하나 드리겠습니다!

'10년 후, 20년 후, 30년 후의 자신을 위해 지금 뭔가 해주고 있는 일이 있습니까?'

이 질문에 바로 "네! 있습니다!" 라고 대답한 사람은 합격!

좀 우물거리거나 고민해 버린 사람!

안심하세요. 오늘부터라도, 아니, 지금 당장 시작할 수 있습니다!

무엇보다 **이 책을 읽어 주시는 것이 미래의 자신을 위해 무언가를 하는 일이 되겠지요.**

공부나 일을 하며 매일같이 삶에 몸을 불사르는 사람이 많이 있습니다.

저도 18살 때부터 배우를 시작했고, 정신을 차려 보니 눈 깜짝할 사이에 38살.

그렇습니다. '눈 깜짝할 사이'라고 말할 수 있는 사람은 열심히 살았다는 증거입니다.

무언가에 푹 빠져 있을 때는 시간이 참 빨리 가거든요…….

하지만 생각해 보십시오.

바빠서 식사도, 운동도, 잠도 '제대로 해야 하는 건 알지만, 좀처럼 시간이 없어서 대충 한다'라는 분도 많지 않나요?

열심히 일해서 정년퇴직. 자! 노후를 즐기자! 할 때…….

저금도 했고, 일을 그만둬서 시간도 있다, 함께 놀 반려자도 친구도 있다.

하지만 '건강'이 없으면 아무 소용도 없습니다.

자영업자라도 나이가 들어서 일을 잠깐 내려놓고 시간을 만들었을 때 '건강'하지 않다면 겨우 생긴 인생의 여유를 즐기지 못합니다.

지금 꼭 해야 하는 것은 저금(貯金)이 아니라 '저근(貯筋)'!

지금은 괜찮아 보이더라도 몸을 고생시킨 여파가 미래의 자신에게 한 걸음씩 다가오고 있습니다(겁줘서 미안합니다!). 그리고 병에 걸리거나, 다쳤을 때 **아마 모두가 하나같이 이런 말을 하겠죠. '건강이 제일이다.'**

큰일을 위해서 작은 희생은 어쩔 수 없는 법입니다. 물론 살아가려면 돈은 필요합니다.

그러나 돈보다도 건강이 훨씬 중요합니다.

돈은 없지만 건강한 사람.

돈은 있는데 건강하지 않은 사람.

어느 인생이 즐거울까요?

단연코 건강이지요.

그러니 지금 여러분이 해야 할 것은 미래의 자신을 위해 '저금'이 아니라 '저근'입니다.

욕심을 부리자면 '돈도 있고 건강도 있고'가 제일 좋지만요.

하지만 이 책을 읽어 주시는 분에게는 가능한 얘기입니다.
왜냐면…….
지금부터 제가 알려드릴 '남자를 위한 하체 운동'은 시간이 없는 사람도 쉽게 할 수 있고, 작심삼일인 사람도 계속할 수 있을 정도로 간단하거든요. **건강해지면 '활력'도 생기며, 활력이 있는 사람에게 사람이 모이고 돈도 모입니다.**

사람이 가지고 싶어 하는 전부를 손에 넣게 될지도 모릅니다!
그 정도로 제가 알려 드리는 '남자를 위한 하체 운동'은 획기적인 운동법입니다!
그럼 얼른 시작해 봅시다! 렛츠, 똥ing!!

제3장) **시미켄 류! 발기력 상승 근력운동**

제4장 〉 **다이어트도 되고 발기력도 높여주는 식사법**

제5장 〉 **나의 즐거운 근력운동 라이프**

제 1 장

똥 싸는 자세
as Number One

왜, 세상의 남자들은 똥 싸는 자세를 하지 않는가?

내가 가장 알려주고 싶은, 남자 트레이닝의 정체는…….

세상에는 다양한 건강법과 트레이닝 설명서가 나와 있습니다.

저도 새로운 지식이나 다른 각도의 사고를 배우기 위해 많이 읽고, 참고하기도 합니다.

그렇게 얻은 지식들을 자기 나름대로 소화하여 피와 살로 만들어 가는데, 운동하는 사람이 공통으로 도달하는 결론은 '스쿼트는 꼭 해라' 입니다.

어떤 책을 읽어도, 어떤 트레이너에게 물어도, 운동에서 가장 중요한 것은 '스쿼트'라고 입을 모아 말합니다.

이유를 간단히 설명하면 전신 근육 중에 하체가 차지하는 근육이 약 70%. 그것도 다리와 허리에 중요한 근육이 집중되어 있기 때문에 스쿼트를 하면 단숨에 전신의 근육을 70% 단련할 수 있어서입니다.

또 70%의 근육을 쓰는 동작이므로 **웨이트 트레이닝 중에 유일하게 '심폐기능'까지 강화하는 종목**이라고도 할 수 있습니다.

유명한 얘기인데, 80대의 어떤 유명 탤런트는 프로레슬러에게 스쿼트를 배워서 자기 전에 반드시 50번을 한 후에 잔다고 합니다. 그 건강한 모습은 스쿼트 덕분일지도 모릅니다.

저는 학생일 때 '많이 걸으니까 스쿼트는 할 필요 없겠지'라고 생각했었습니다. **그러나 이것은 제 착각이었습니다.**

　스쿼트는 웅크릴 때 대부분의 하체 근육을 스트레칭하고, 일어날 때는 강한 힘을 발휘하는데, 평소에는 도무지 할 수 없는 운동을 단 한 가지 동작만으로 할 수 있는 엄청난 운동인 셈입니다.

　그러므로 반드시 스쿼트는 해야 하는 운동인데…….

　"스쿼트 하기엔 좀 몸이 나른한데."

　"무릎이 아프니까 내일 하자."

　"올바른 자세를 잘 모르겠어……."라며 **변명만 앞서고 실천하지 않는 사람이 대부분입니다.**

　그래서 저는 고민했습니다.

　발기와 건강을 위해 '스쿼트를 하세요!'라고 주장해도 하지 않는 사람을 위한 운동 방법을!

　그것이 이 책에서 가장 큰 축이 된 **'똥 싸는 자세'**입니다.

　이상하게도 이렇게 양변기가 보급된 요즘 세상에도 '똥 싸는 자세'라고 하면 대부분 재래식 화장실에 쭈그려 앉는 자세를 떠올립니다.

　차는 계속해서 진화하는데, 와이퍼는 옛날 그대로인 것처럼.

　똥 싸는 자세는 사람들 머릿속에 언제까지나 재래식 자세입니다.

똥 싸는 자세만 취해도 건강해지고, 노후를 위한 근육 만들기가 가능해진다면…… 상당히 문턱이 낮아지지 않습니까!

딱 한 번만, 똥 싸는 자세를 취해 보면 되는 겁니다.

뭐!? 정말 한 번으로 효과가 있어? 라고 의심하시는 분!

제 뻥을 어떻게 알아챘죠?(웃음)

원래 첫걸음을 떼기까지가 힘든 법입니다. 한 번 똥 싸는 자세를 해보면 그때부터 욕심이 생겨서 앞으로 알려드릴 스쿼트와 비슷한 동작을 몇 번이라도 계속하게 됩니다.

근력운동 메모

여성을 다루는 법과 덤벨을 다루는 법은 비례한다.

현대에는 보기 어려운!? '똥 싸는 자세'

'똥 싸는 자세'가 어떤 자세인지, 대부분의 사람들 머릿속에 같은 그림이 그려지리라 생각합니다. 그렇습니다. 재래식 화장실에서 볼 일을 볼 때 그 자세입니다.

지금은 재래식 변기가 거의 없는 데다가, 남자 화장실에 가면 재래식 변기가 비어 있어도 양변기 쪽을 끝까지 기다리는 남성분도 많지 않습니까?

화장실에서 줄 서서 기다릴 때 재래식 쪽이 비자, 앞사람이 양변기 쪽에 들어가려고 뒤에 선 제게 "먼저 들어가세요."라고 말하면 속으로 '젠장! 나도 양변기 쓰고 싶은데!'라고 소리치기도 합니다.

요즘은 비데가 달린 양변기가 많지요. 일단 **재래식 변기에도 전용 비데가 있긴 하지만**……잘 알려지지는 않았습니다(실제로 재래식 변기 전용 비데를 보면 감동이 밀려옵니다!)

그리하여 일상생활에서 똥 싸는 자세처럼 하체 전체를 단련하는 동작을 취할 일이 없어지고 있습니다. 화장실은 점점 양식화가 되어 가고, 일본인은 **'세계에서 제일 의자에 오래 앉는 민족'**이라 불리며 잘 때는 다리를 뻗고 잡니다. 좀처럼 일상생활에서 하체를 단련할 기회가 없는 셈입니다.

그런 탓에 고관절이나 발목이 굳어서 쭈그려 앉지 못한다는 사람
도 많이 봤습니다.

편의점 앞이나 역 앞에서 옹기종기 쭈그려 앉아 있던 불량배들도
최근에는 줄어든 것 같습니다.

불량배들이 혈기왕성한 것은 이런 **'똥 싸는 자세로 하체를 강화하
여 남성 호르몬을 많이 방출해서가 아닐까'** 하고 저 혼자 속으로 주
장합니다(남성 호르몬에 관해서는 나중에 설명하겠습니다).

혹시 저출산과 고령화 문제 해결의 실마리가 똥 싸는 자세에 있지
않을까!? 초식남이 증가한 이유도, 섹스리스가 많아진 이유도 전부
똥 싸는 자세를 하지 않게 되어서가 아닐까!? 그런 착각을 일으킬 정
도로 **똥 싸는 자세=스쿼트=하체 스트레칭과 강화는 중요**합니다.

똥 싸는 자세가 노후의 인생을 풍요롭게 한다!?

막상 똥 싸는 자세를 실천하고 보면 의외로 어렵다고 느끼는 사람이 많을지도 모릅니다(올바른 자세는 P70~71을 참고하세요).

보기에는 간단해 보이지만, 사실 똥 싸는 자세를 취하려면 절묘한 균형이 이루어져야 합니다.

발바닥 전체를 바닥에 밀착시켜서 발뒤꿈치에 중심을 싣고, 다리가 안쪽으로 모이지 않도록 무릎을 살짝 바깥으로 향하게 합니다.

이 때, 무게중심이 발뒤꿈치로 가기 때문에 발목이 굳은 사람은 뒤로 넘어지기 쉬워집니다.

똥 싸는 자세를 하려다가 엉덩방아를 찧어 버리는 사람은 양팔을 앞으로 뻗으면 팔의 무게로 균형이 잡힙니다. 어려운 사람은 이 자세부터 시작해 보세요.

이 자세를 반복하게 되면 발목도 유연해져서 안정적인 자세를 잡을 수 있게 됩니다.

그냥 허리를 낮춰서 쭈그려 앉는 동작처럼 보이겠지만, 똥 싸는 자세는 하체의 중요한 근육을 늘리거나 단련할 수 있는 최고로 우수한 운동입니다.

그리고 똥 싸는 자세에서 몸을 바로 세우는 동작으로도 하체 근육이 단련됩니다. 매일 똥 싸는 자세를 실천하고, 마지막에 힘차게 일어나기만 해도 하체가 유연해지며 근력을 기르거나 유지할 수 있습니다.

왜 그렇게 하체 근육이 중요하냐고요?

네가 AV 남자 배우라서 그런 거 아니냐고 생각한 여러분!

현재 일본은 4명 중 1명이 65세 이상인 고령화 사회입니다.

'머리말'에서도 언급했지만, 아무리 오래 살아도 하체가 부실하면 밖에 나가거나 놀러 돌아다닐 수도 없고, 섹스 라이프도 즐기지 못합니다.

노후에 활력이 넘치는 인생을 보내기 위해서도, 하체에 힘을 유지하기 위한 첫걸음이 바로 이 '똥 싸는 자세'입니다. **인생에서 중요한 것은 '오래 살기'가 아니라 '건강하게 오래 살기'입니다.**

미래의 자신에게 해줄 수 있는 것. 즐거운 노후를 맞이하기 위해 오늘부터 똥 싸는 자세를 시작합시다!

근력운동 메모

헬스장에서 인사 다음에 오는 대화는 "오늘은 어디?(를 단련할 거야?)"

엉덩이 근육을 유연하게 만드는 똥 싸는 자세

여기서부터는 똥 싸는 자세의 구체적인 효과를 설명하겠습니다.

먼저 똥 싸는 자세에는 엉덩이 근육을 단련하는 효과가 있습니다. 동그란 엉덩이를 형성하는 '대둔근'이라는 근육은 고관절을 늘려서 다리를 뒤쪽으로 당기는 작용을 합니다. 그리고 다리를 벌리거나 오므리는 움직임에도 작용하는 등 고관절이 자유자재로 움직일 수 있도록 돕습니다.

현대인은 집에서나 학교에서나 회사에서도 의자에 앉아 있는 시간이 길기 때문에 항상 상체의 무게로 대둔근을 압박하는 상태에 있습니다.

압박된 근육은 혈액순환이 원활하지 않아서 굳어지기 때문에 대둔근이 굳는 증상은 현대병이라 할 수 있습니다.

엉덩이가 굳으면 다리나 발가락의 혈액순환이 원활해지지 않습니다. 그렇게 되면 손발이 차가워지는 '수족냉증'이 되어 버립니다.

냉증은 만병의 원인. 그리고 섹스의 최대 적입니다.

몸이 찬 여성은 섹스해도 감각이 무딥니다.

자궁이 사람의 배 속에 있는 이유는 자궁을 따뜻하게 유지하기 위

해서입니다.

자궁이 따뜻해지면 '섹스 준비 OK'라고 하듯이 활동이 활발해집니다.

여성은 느끼면 애액의 맛이 신 맛에서 아무 맛도 안 나게 변하거나 살짝 단맛으로 바뀝니다.

평소에는 세균이 들어가지 못하게 질내를 산성으로 유지하지만, 이 상태에서는 약한 알칼리성을 띤 정자도 죽어 버립니다. 하지만 섹스 준비가 되면 정자가 제대로 자궁에 도달하도록 질내가 산성에서 알칼리성으로 바꿔서 수정되도록 합니다. 그래서 애액 맛으로 여성이 얼마나 느끼는지 알 수 있는 겁니다.

인간의 몸은 정말 잘 만들어져 있습니다.

여성에게 **'섹스를 해도 잘 안 느껴진다'**라는 고민 상담을 정말 많이 받습니다. 그때 한가지 조언으로 '파트너와 함께 목욕하거나, 마사지로 몸을 데운 후에 섹스를 해 보세요'라고 알려줍니다.

여성은 몸이 따뜻해지면 감도가 높아져서 오르가즘을 잘 느끼게 됩니다.

여성의 몸은 오르가즘을 느끼면 정자를 자궁에 받아들이려고 질내에서 수축 운동이 일어나고, 수정하기 쉽도록 몸이 반응합니다.

섹스 궁합이 좋은 파트너면 앞으로 관계가 오래 지속할 가능성이 높다=자손을 남길 확률이 높아지므로 이 유전자를 자손으로 남기려고 분투하듯이, 인간의 몸이 몇십만 년을 거쳐 진화해 온 반응일 겁

근력운동
메모

트레이닝을 도와주는 근육남에게 "몇 번 해?"라는 질문에 "죽을 때까지!"라는 대답이 돌아오는 경우는 흔하다.

니다. 정말 신비스럽지요.

헬스장에서 움직인 후에는 몸이 따뜻해지기 때문에 남녀 모두 "욕구가 생긴다."고 말합니다.

대둔근을 부드럽게 풀어서 혈액순환을 좋게 하면 냉증 개선에도 정말 큰 도움이 됩니다.

또 대둔근이 굳으면 다리를 움직이기가 불편해집니다. 특히 고관절을 구부려서 다리를 앞으로 차는 움직임이 둔해집니다. 걸을 때 보폭이 좁은 사람이나 계단을 오를 때 다리를 들어 올리기 힘든 사람은 대둔근을 늘리는 편이 좋습니다!

굳어진 대둔근을 방치하면 자신도 모르는 사이에 보폭이 좁아지고, 계단 오르기도 귀찮아집니다. 그러면 행동 의욕도 떨어져서 걷는 거리가 짧아지고, 결국에는 하체 부실로 이어지는 악순환이 계속됩니다.

또 똥 싸는 자세는 아침 기상도 상쾌하게 해 줍니다.

자는 동안 다리에 몰려 있던 혈액을 심장으로 올리는 근육 이완작용이 약하면 아침에 잘 일어나지 못하고, 일어나서 어지럼증을 느끼기도 합니다.

평소에 똥 싸는 자세를 하면 혈액순환이 좋아지기 때문에 아침에 잘 못 일어나는 사람도 상쾌하게 일어날 수 있습니다!

그러니까 더욱 대둔근 스트레칭=똥 싸는 자세가 필요합니다.

어떻습니까?
여기까지 읽으니까
이젠 이 책을 똥 사는 자세로
읽고 싶지 않습니까?

괜찮습니다!
똥 싸는 자세로
읽어주셔도. (^^)/

MEMO

_____

_____

_____

_____

_____

_____

_____

_____

_____

_____

_____

_____

_____

_____

_____

_____

근력운동
메모

오랜만에 만난 근육남에게 인사보다 먼저 "대퇴근막장근
살아있네."라는 말을 들었다. 대체 어디 있는 근육이야?

제 2 장

발기의 적을
해치워라!

인기 페로몬 =
테스토스테론을
나이와 함께
줄여버리는 사람은
인생을 포기한
사람!

남자의 하반신은 호르몬이 지배한다

여기서 조금 공부를 해 봅시다!

"뭐야! 왜 다 커서까지 공부를 해야 하는데!?" 라는 분께!
정보를 귀로 듣기만 하는 사람은 성장도 성공도 장수도 못 합니다.

"왜 그렇게 되지?" "어떻게 하면 결과를 얻을까?" 라는 호기심이
사람을 성장하게 하고, 인생을 풍요롭게 하고, 지식과 흥분이 장수로
이어집니다.
그러므로 제가 입버릇처럼 말하는 남성 호르몬부터 공부합시다.

남성호르몬(=안드로겐)은 크게 나누면 **3종류**가 있습니다.
남자다움을 형성하는 데 가장 중요하게 작용하는 호르몬이 '**테스
토스테론**'이라는 호르몬인데, 근육이나 페니스의 크기, 성욕 등에 작
용한다고 합니다. 여기서는 테스토스테론뿐만 아니라 세 가지 남성
호르몬을 똑똑히 기억합시다!

- 남성호르몬=안드로겐

① 디히드로에피안드로스테론 (DHEA)

부신이나 생식선에서 생성되며, 일명 '젊어지는 호르몬'이라고 불린다. 면역 활성화나 혈액순환 개선을 촉진하는 남성호르몬. 테스토스테론이나 여성호르몬 '에스트로겐'의 재료가 되는 전구체라서 '마더 호르몬'이라고 부르기도 합니다.

참마에 이 DHEA와 비슷한 작용을 하는 성분이 포함되어 있다고 확인되었다는데, 다른 마 종류에는 포함되어 있지 않다고 합니다. 신기하네요(자세한 내용은 나중에).

② 테스토스테론

남성은 90% 이상이 정소에서 생성되고, 여성은 부신피질 망상층이나 난소에서도 분비되는데, 그 양은 남성에 비하면 5~10%(20분의 1에서 10분의 1) 정도라고 합니다.

테스토스테론은 근육이나 골격을 형성하고, 생식기를 건강하게 하며 의욕과 결단력 향상에도 작용합니다. 그래서 일명 '인기 페로몬' '승리 호르몬'이라고 부릅니다.

사람은 호르몬에 지배되고 있다고 해도 과언이 아닙니다. 그중에도 이 **테스토스테론 수치가 인생의 즐거움을 좌우한다**고 말할 수 있습니다.

이렇게 테스토스테론은 온통 장점뿐이지만, 안타깝게도 나이가 들수록 분비량이 줄어듭니다.

그래서 평생 건강하게 살려면 테스토스테론의 분비량이 매우 중요해집니다.

65세에 KFC를 창업해서 1000번 이상 퇴짜를 맞았음에도 불굴의 의지로 치킨을 팔아서 체인점의 초석을 이룬 **커넬 샌더스** 할아버지는 테스토스테론이 엄청나게 많지 않았을까요?

트레이닝 중에 무심코 나오는 목소리를
'신음'이라고 부른다(극히 일부).

③ 디히드로테스토스테론

테스토스테론에 '5α환원효소'라는 효소가 작용하여 생성되는 호르몬으로, 모발을 만들어내는 '모모 세포'의 작용을 저해하므로 일명 '탈모 호르몬'이라고 부릅니다.

종종 '머리가 벗겨진 사람은 남성호르몬이 강해서 성욕도 강하다'라는 말을 듣는데, 그건 잘못된 지식입니다. 우선 성욕이 강한 제 머리가 벗겨지지 않았으니까요. 남자 AV 배우 중에도 머리가 벗겨진 사람은 적습니다.

머리가 벗겨지는 사람은 단순히 테스토스테론을 '탈모 호르몬'으로 변환하는 5α환원효소가 많은 것뿐입니다.

아마 벗겨진 사람의 머리는 대부분 기름으로 번질번질할 때가 많은데, 그 이미지가 강해서 성욕과 결부하여 생각한 것이겠지요.

5α환원효소를 억제하려면 제대로 된 식생활과 수면, 적당한 운동이 필수라고 합니다.

그중에도 **아연이나 이소플라본**에 5α환원효소를 억제하는 효과가 있다는 말이 있습니다. 나중에 설명하겠지만, 아연은 발기에 빠질 수 없는 섹스 미네랄.

이소플라본을 함유한 식품은 낫토가 대표적인데, 저는 낫토도 반드시 매일 먹습니다.

이 책에 지겹도록 언급하는 똥 싸는 자세와 제대로 먹고, 잘 자면

이론적으로는 벗겨진 머리에도 효과가 있다고 할 수 있습니다!

　여기까지가 기억해야 할 3가지 남성호르몬입니다. 특히 가장 중요한 테스토스테론에 관해서는 나중에 자세히 설명하겠습니다!

　응? 또 공부해야 해? 라고 생각하셨나요?

　네. 할 겁니다.

　'아, 지겨워 이젠 됐어'라고 생각해 버린 당신!

　60세를 넘긴 후에 하반신이 약해지고, 살아갈 기력도 뚝 줄어서 슬픈 노후를 보내게 될지도 모릅니다!!

근력운동 메모 외국의 트레이닝 비디오를 본 뒤에는 왠지 나도 영어로 소리치게 된다.

테스토스테론은 일명 '인기 페로몬'이나 '승리 호르몬'이라고 불릴 정도로 인생을 즐기기 위해서는 중요한 물질인데, 안타깝게도 남성은 25살 전후를 절정으로 분비량이 감소한다고 합니다. 60대가 되면 20대 무렵의 절반 이하밖에 분비하지 않습니다. 여성도 나이를 먹으면서 점점 분비량이 적어집니다.

테스토스테론은 하루하루의 기분을 결정하는 호르몬입니다. 여성도 테스토스테론이 감소하면 성욕이 없어지고 의욕이 떨어지는 등, 생활의 질이 낮아질 우려가 있습니다.

여기서 저는 남성도 여성도 나이를 이유로 테스토스테론의 감소를 받아들여서는 안 된다고 강하게 주장하고 싶습니다.

그렇습니다. **테스토스테론의 분비량은 인위적으로 늘릴 수 있습니다.**

자기 인생의 행복은 스스로 만듭시다.

쉬러그(p86)을 '쉬럭'이라고 부르면 프로처럼 보인다.

하체를 단련하면 발기력이 높아지는 이유

우리는 매일 다양한 선택을 하며 살아갑니다.

오늘은 뭘 먹을까?

놀러 나갈까?

내일이 있으니까 일찍 잘까? 아니면 TV를 볼까? etc…….

이런 다양한 선택을 하는 주체는 자신입니다.

지금 자신의 지위나 환경, 체형, 사고방식은 **'자신이 내린 선택'에 의해 만들어진 것**입니다.

이 책을 읽고 계신 분은 '조금은 발기에 효과가 있었으면'이라든지 '뭔가 지식을 얻으면 좋겠다'라고 생각해 주셨기 때문이겠지요. 이 책이 이런 선택들 속에서 하나라도 지금까지와 다른 선택을 하는 계기가 되었으면 합니다.

나이가 들어도 힘이 넘치고, 행동적인 매력 덩어리. 그리고 매일같이 그곳이 불끈불끈한다는 사람은 지금껏 살아 오면서 **'테스토스테론을 늘리는 선택'**을 해 온 부분이 매우 많습니다.

예를 들자면 피곤하지만, 자지 말고 헬스장에 가자.
도넛을 먹고 싶지만, 브로콜리를 먹자.
집에서 뒹굴뒹굴하고 싶지만, 외출해서 햇빛을 받자.
팔을 단련하고 싶지만, 스쿼트를 하자…… 등
여러가지로 테스토스테론을 늘리는 행동을 해 왔기 때문입니다.

테스토스테론이 늘어나면 왜 발기가 잘 될까요?
페니스 내부는 동맥 외에도 가느다란 실 같은 혈관이 집중된 스펀지 형태의 조직인 '해면체'로 형성되어 있습니다.

성적인 자극을 받고 흥분하면 다양한 신경계를 통해 '음경동맥'에 혈액을 왕창 흘려보내고, 해면체에도 혈액이 충만하여 단단해지는 것이 발기의 구조입니다.

테스토스테론은 일산화질소(NO)를 공급해서 혈관을 확장하는 작용이 있어서 테스토스테론이 늘어나면 혈관이 확장되어 혈류량이 늘고, 페니스의 해면체에 더욱 많은 혈관이 흘러가므로 발기가 잘 됩니다.

덧붙여 말하자면 이 발기의 구조를 발견한 사람은 그 유명한 예술가, 레오나르도 다 빈치라고 합니다.

다 빈치가 살아 있던 15세기 당시에는 페니스가 '근육'으로 이루어져 있고, 그 속에 '공기'가 들어가니까 발기한다고 여겼습니다.

그 이론에 의문을 느낀 다 빈치가 소인지 뭔지를 해부해서 '혈관에 혈액이 흘러 들어가는 사실'을 발견했습니다. 정말 못 하는 게 없는 사람입니다.

또 테스토스테론에는 대뇌에서 성적흥분을 생성하는 자극물질 작용도 합니다. 쉽게 말해서 **테스토스테론의 분비량이 늘수록 남자는 여자를 보고 흥분을 느낀다**는 말입니다.

그리고 반대의 경우도 마찬가지로 남성호르몬이 많은 여성은 성욕이 강하다고 할 수 있습니다.

근력운동 메모
덤벨 프레스 할 때 "밀어! 밀어!"를 "push!"라고 말하는데, 너무 기합이 들어가서 "pussy! (여성의 성기)"라고 소리친 사람이 있었다.

왜 하체 근력운동이 발기력을 높이는가? 많은 이유가 있지만, 알기 쉽게 요약해서 말하자면

- 페니스 주변 혈류 순환이 좋아진다.
  ➡ 발기는 해면체에 피가 흘러 들어가서 단단해집니다. 혈액순환이 좋아지면 그만큼 페니스도 단단해지는 이치입니다.
- 근력운동을 하면 테스토스테론과 성장호르몬이 분비된다.
- 하체 근육에는 많은 '안드로겐(남성호르몬) 수용체'가 모여 있으므로 단련하면 말 그대로 '그릇'이 커진다.
  ➡ 안드로겐을 수용하는 그릇과 남성호르몬 수치가 높은 남성은 작은 페니스를 신경 쓰지 않을 만큼 배포가 크다는 의미를 가진다.
- 스트레스 발산이 된다.
- 트레이닝은 자기 몸과의 대화이므로 페니스와 연락하기 쉽다.

등을 들 수 있습니다.

또 근력운동을 하면 남성호르몬 수치가 상승하여 '긍정적인 성격'이 되고, 몸도 바뀌면 이성에게 인기도 생깁니다. 그러면 페니스를 쓸 기회가 많아지지요. 쓰는 부위는 발전되고, 반대로 쓰지 않는 부위는 시들어 가는 것이 인간입니다. 하체 근력운동을 하지 않을 이유를 찾는 것이 오히려 어려운 셈입니다.

발기력뿐만 아니라, 성욕까지 높여 주는 테스토스테론은 남자에게 가장 중요한 호르몬이라 말할 수 있을 겁니다.

그런데 테스토스테론은 **스트레스에 약하다는 결점**이 있습니다. 스트레스가 쌓이면 교감신경이 항진되는데, 교감신경이 항진되면 혈관이 수축하여 혈류량도 감소합니다(긴장이나 공포 등의 스트레스로 심장이 뛰는 것도 심근이 수축해서 심장박동수가 올라갔기 때문입니다!).
혈류량이 줄어들면 대사의 기능이 떨어지고, 호르몬 분비량도 감소하여 혈액 속에 섞여서 체내를 순환하는 호르몬도 충분히 돌지 못하기 때문에 테스토스테론이 감소합니다.

하지만 뭔가 이상한 부분이 있습니다…….
발기에 필요한 건 부교감신경이 우위일 때인 '편안한' 상태거든요. 그래서 거실 소파에서 영화를 볼 때나 침대에 뒹굴뒹굴할 때 페니스가 단단해지는 경험은 남성이라면 누구나 있습니다. 관계가 없을 때 단단해지는 건 편안한 상태이기 때문입니다.
그런데 오히려 '교감신경 우위'가 되었을 때가 아니면 사정이 어려워집니다. 이것은 제가 종종 겪는 일인데, 잘 아는 여배우와 친한 스태프들과 화기애애하게 촬영하면 **사정이 어려워서** 진땀을 흘린 적이 있습니다.
뇌의 긴장이 풀려서 부교감신경 우위가 되어 버린 겁니다.

건강진단에서 '영양실조형 비만'이 나왔다면 근육이 완성되었다는 증거.

반대로 '어마어마한 신인 배우 데뷔'나 아주 드물게 있는 제작회사 현장에서는 긴장감 때문에 페니스는 잘 서지 않지만, 사정은 금방 됩니다.

참 신기하지요.

이것도 분명 신이 오랜 과거에 '누가 볼지도 모르는 상황(=긴장감이 있는 상태)에서의 번식을 위해 섹스할 때 내려 주신 메커니즘'일지도 모릅니다.

또 테스토스테론에는 정신적 스트레스뿐만 아니라 육체적 스트레스로도 감소하는 성질이 있습니다. 피로 누적과 수면 부족, 과도한 음주, 흡연 등은 테스토스테론 최대의 적입니다.

테스토스테론의 분비량을 늘리려면 '균형 잡힌 식사' '질 높은 숙면' '똥 싸는 자세'와 규칙적이고 건강한 생활이 기본입니다.

이런 것들을 알면서도 실천하지 못하는 것이 바로 인간이지요.

저도 심야까지 촬영이 이어질 때도 있고, 오후까지 잘 때도 많습니다. 하지만 식사는 나중에 설명할 도시락(발기 밥)을 들고 다니니까 문제없습니다. 똥 싸는 자세도 시간이 나면 바로 할 수 있어서 문제없습니다. 수면도 무슨 일이 있어도 최저 '6시간 반'은 확보하여 40대인 지금도 아침 발기로 아파서 일어나는 몸을 유지하고 있습니다.

헬스장 어딘가에서 "도와줘~"라는 목소리가.
목소리의 주인을 찾았더니 근육남이 래터럴 레이즈 머신을 너무 많이 해서 빠져나오지 못하고 있었다.

우울할 때는 맛있게 먹고 자위하고 자면, 힘이 난다!

이것만은 꼭 기억해 두자!
우리의 숙적 '코르티솔'

발기력을 높이는 테스토스테론에는 **천적이라 할 수 있는 호르몬**이 존재합니다. 바로 '**코르티솔**'이라는 호르몬입니다.

이름부터 나빠 보이네요! (웃음)

이 코르티솔은 스트레스가 쌓이면 분비된다고 하여 '스트레스 호르몬'이라고도 부릅니다.

코르티솔은 저혈당일 때 단백질이나 지방에서 당을 생성하는 작용이 활발해지는 중요한 작용도 담당하는데, 테스토스테론의 분비를 억제하는 반작용도 있기 때문에 코르티솔 분비량이 늘어날수록 테스토스테론의 분비량이 감소합니다.

또 분비된 코르티솔은 교감신경을 자극하므로 교감신경이 우위인 상태를 만성화시키는 위험도 내포합니다. 테스토스테론을 줄일 뿐만 아니라, 교감신경 우위로 만드는 코르티솔은 바로 **발기의 천적**이라 할 수 있습니다.

심지어 코르티솔에는 근육의 분해를 촉진하는 작용도 있습니다. 근육량이 줄면 테스토스테론의 분비도 저하되므로 근력 운동으로 매일 열심히 쌓아 온 '저근'을 도둑처럼 야금야금 가져가 버리는 코르티솔은 저와 친해질 수 없는 호르몬입니다.

그럼 **어떻게 하면 스트레스를 쌓지 않고 살아갈 수 있는가.**
제게는 한 가지 지론이 있습니다.

'자신의 스트레스를 발산할 줄 아는 사람은 강하다.'

우울하거나 왠지 기분이 저조할 때, '이걸 하면 조금은 웃을 수 있다'라고 자기 나름의 방법이 있느냐 없느냐로 인생의 행복도가 갈린다고 생각합니다.
저는 예전에 트위터에 이런 글을 올린 적이 있습니다.
'기분이 저조할 때는 맛있는 걸 먹고 자위하고 자면, 대체로 힘이 난다!'

많은 분이 이 글을 공감해 주셨는지, '좋아요' 수도 늘어났습니다.

근력운동
메모
어깨 운동을 한 날은
어깨를 올릴 수 없어서 머리 감기가 힘들다.

저는 스트레스 발산에 크게 두 가지 방법이 있다고 생각합니다.

하나는 스트레스를 근본적으로 생각하기. 스트레스의 원인을 계속 생각해서 자신의 마인드로 조율하는 방법. 이것은 정신적인 내면으로 스트레스를 발산하는 방법입니다.

가령 '이 스트레스의 원인은 ○○다. 이건 나의 정신력을 높이기 위해 주어진 시련. 이겨내면 정신적으로 성장할 거야!'라며 긍정적으로 고쳐 생각하는 방법입니다.

또 하나는 외부의 자극으로 스트레스를 발산하는 방법입니다.

기본적인 스트레스는 자기 마음속에 쌓여 있습니다. **쌓인 스트레스를 배출하려면 먹고, 물건을 사는 '집어넣는 행위'가 아니라, '뱉어내는 행위'여야 한다**는 느낌이 강하게 들었습니다.

먹고 싶고, 사고 싶은 행위는 무언가를 자기 속에 집어넣음으로써 스트레스를 일시적으로 잊을 뿐이므로 배출해야 한다고 봅니다.

그래서 스트레스가 쌓이면 일시적인 만족감을 위해 폭음과 폭식을 반복하여 살이 쪄 버리는 법입니다.

어깨를 운동한 날은 어깨를 올릴 수 없어서
페트병 물을 마시면 질질 흘린다.

뱉어내는 행위는 소리를 내고, 땀을 내고, 눈물을 흘리고, 힘을 쓰는 등 여러 가지 방법이 있습니다. 노래방에 가서 괴성을 지르며 노래를 불러도 좋고, 목욕이나 사우나로 땀을 흘려도 좋고, 감동적인 영화를 보고 울어도 좋고, 운동으로 마음껏 힘을 써도 좋습니다.

제가 트위터에도 '소리를 지르고, 땀을 내고, 물건을 버리고, 울면 금방 속이 뻥 뚫릴 때가 많다!'라고 올렸더니 많은 분이 찬성해 주셨습니다.

술을 퍼마신 뒤와 목욕하고 나온 뒤, 어느 쪽이 기분이 상쾌할까요? 스트레스라는 것은 뭔가와 함께 뱉어내는 것. 집어넣는 행위만으로는 스트레스 발산에 도움이 되지 않습니다.

개인적으로는 청소도 추천합니다. 쓰레기를 버리면 기분이 상쾌해지지 않습니까? 쇼핑해서 방안에 물건이 늘어나는 것보다 방안에 쌓인 먼지나 쓰레기, 필요 없는 것들을 청소해서 버리는 편이 훨씬 기분이 좋습니다. 청소는 제 스트레스 해소법 중 하나가 되었습니다.

이 두 가지 방법으로 '내 나름의 스트레스 발산법'을 만들면 수많은 벽도 뛰어넘을 수 있다는 기대감도 생기고, 성장할 수 있습니다.

인생은 배움의 연속입니다.

이처럼 항상 건강하고, 발기력을 높이기 위해 스트레스를 담지 말고, 또 호르몬 분비를 촉진하는 것이 매우 중요합니다.

저의 스트레스를 조절하는 중심 수단이 된 것이 제3장과 제4장에서 자세히 설명할 '하체 근력운동'과 '식사'입니다.

제 스트레스 퇴치법이 여러분의 행복에 도움이 된다면 더없이 기쁘겠습니다.

근력운동
메모

근력운동 빅3는 각각 140kg을 올릴 수 있으면 인정받는다.

운동 부족도 몸에
스트레스가 된다?!

스트레스 중에는 스트레스를 받고 있음을 인식하지 못하는 타입의 스트레스도 있습니다.

그중 하나가 운동 부족에 의한 스트레스입니다. 몸을 푼 상태는 부교감신경이 우위에 작용하여 발기도 잘 되지만, **만성 운동 부족은 반대로 몸에 스트레스를 줍니다.**

근육을 잘 쓰지 않는 운동 부족 생활이 이어지면 근육이 굳어져서 혈액순환이 나빠집니다. 혈액은 몸의 구석구석까지 산소를 공급해 주는 역할을 맡고 있기 때문에 혈액량이 줄면 산소가 충분히 퍼지지 못하게 되어서 뇌나 체내 세포가 산소 결핍 상태에 빠지게 됩니다.

전력으로 달린 뒤와 마찬가지로 산소 결핍 상태는 몸에 큰 스트레스가 됩니다. 또한 산소 결핍 상태가 이어지면 쉽게 피곤이 쌓여서 더 큰 스트레스가 누적되는 악순환이 반복됩니다. 그러므로 스트레스 없이 발기력을 높이려면 운동을 꼭 해야 합니다.

운동 부족인 사람이 운동을 시작할 때 제일 먼저 뭘 해야 좋은가.
그런 사람이야말로 '**똥 싸는 자세**'부터 시작합시다.
먼저 똥 싸는 자세를 딱 한 번만 해 봅시다.
이 큰 똥……이 아니라 큰 첫걸음이 앞으로의 인생을 크게 좌우한다고 해도 과언이 아닙니다!!
그리고 똥 누는 자세 다음에 추천하는 것은 '**근력운동**'입니다.
근력 운동은 테스토스테론 분비를 촉진하는 효과가 있다는 연구 결과가 있습니다. 저는 지금도 일주일에 3~4회, 촬영 틈틈이 헬스장에 가서 운동을 합니다.

저는 사람들에게 종종 '자제력이 강하다'는 말을 듣는데, 반대입니다. 적당히 하는 것이 오래 하는 방법입니다.
근력운동을 금방 포기하는 사람의 특징은 '처음에 너무 열심히 하는 사람'과 '완벽하게 하려는 사람'입니다.
그런 사람은 시간이 있을 때, 피곤하지 않을 때……등, 몸 상태가 매우 좋을 때만 운동을 하려고 합니다.
그러지 않고 '오늘은 적당히 하자!' '일단 똥 싸는 자세를 한 번만 하자.' 정도의 가벼운 마음으로 시작해 봅시다. 한 번 하면 의욕이 생겨서 결국 끝까지 운동하기도 합니다. 운동선수라서 근력운동을 하는 분은 다르지만, 건강을 위해서라면 이 정도로 충분합니다!

또 하나, 기억해 둬야 할 것은 **'노력에 대한 결과를 너무 바라지 말자'**입니다.

'이렇게 노력하는데 체중이 줄지 않는다!'라고 생각해 버리는 사람은 자신에게 스트레스를 주고 있는 겁니다.

'노력을 쏟지는 않겠지만 계속해 볼까' 정도의 가벼운 마음을 가지는 편이 장기적으로 보면 건강에 유익합니다.

어쨌거나 계속 하는 것이 중요합니다!

또 헬스장이나 근력운동이라고 하면 힘들고 격한 이미지를 떠올리는 사람도 많겠지만, 절대 그렇지 않습니다.

근력운동 메모 눈알을 뒤집고 쓰러졌을 때 트레이너가 내게 건넸던 말은 "잘됐네, 효과를 봐서!"

부디 '운동 거부 반응'을 일으키지 말고, 새롭고 가벼운 마음으로 이 책을 읽어 주셨으면 합니다! (웃음)

이 책에서는 집에서 쉽게 할 수 있는 간단한 운동을 소개하고 있으니(p70~93), 부디 도전해 보세요.

스트레스를 없애고 테스토스테론의 분비를 늘립시다.

똥 싸는 자세와 근력운동은 발기력과 한 배를 같이 탄 운명 공동체입니다!

허리를 가늘게 하는 선택지는 없고, 등을 거대하게 만들어서 허리를 가늘어 보이게 하는 선택을 한다.

살이 찔수록 발기력은 떨어진다

폴란드의 어느 의학 잡지에 발표된 연구 보고에 의하면 20~49세 남성 136명의 체질량지수(BMI)와 혈중 테스토스테론치를 측정한 실험에서 BMI가 높은 30~40대 비만 남성은 모두 정상적인 BMI 수치인 남성보다 혈중 테스토스테론치가 현저히 낮았다는 결과가 나왔다고 합니다.

30~40대의 발기력 저하는 나이가 원인이라기보다 비만의 영향이 크다고도 할 수 있겠습니다.

저는 정말 살이 잘 찝니다.

그것은 체질이라기보다도 '밤에 먹으며 돌아다니기를 좋아하기 때문'입니다.

전 일이 끝나는 시간이 제각각이라서 22시 이후에 끝날 때도 많습니다. 그래서 22시 이후에 불고기나 라멘을 먹으러 가기도 합니다. 회식이 잦은 것은 물론이라서, 1주일에 여섯 번은 외식을 합니다. 어떨 때는 하루에 저녁을 두 끼 먹을 때도 있습니다.

조금 전에 언급한 비만과 발기의 관계는 AV 남자 배우만 봐도 고개를 끄덕이게 됩니다.

복부지방에 발기를 방해하는 물질을 방출하는 세포가 있다는 말도 있고요.

비만이 되면 대사증후군이나 심장병 같은 가지각색의 건강 위험이 발생할 뿐 아니라 발기력까지 저하된다니, 그야말로 백해무익합니다.

그러므로 배 주변 지방이 신경 쓰이는 사람은 우선 똥 싸는 자세를 시작해 보면 어떨까요?

무리한 식사 제한이나 갑작스러운 격한 운동은 오히려 스트레스 요인이 됩니다. 똥 싸는 자세로 부족하다 싶으면 근력운동을 시작해 봅시다.

근육량을 늘리면 대사가 활발해져서 살이 잘 찌지 않는 체질이 되는 사실은 알고 계시겠지요. 또 근력운동을 하면 그날 온종일 상승한 신진대사가 유지되므로 계속 지방을 태워 준답니다! 슈퍼마리오 게임에서 슈퍼스타를 먹은 상태가 계속 이어지는 느낌이지요! (웃음)

또 근육을 단련하면 고관절의 혈액순환이 좋아져서 발기도 잘 됩니다.

그 외에도 근력운동은 발기력 상승으로 이어지는 효과를 기대할 수 있습니다. 앞에도 언급했지만, 근육량이 늘면 남성호르몬 리셉터(수용체)가 증가하므로 성장호르몬, 남성호르몬의 수용량이 늘어납니다. 근육을 써서 있는 힘껏 힘을 쓰는 것도 스트레스 발산이 되겠지요.

덧붙이자면 삐쩍 마른 사람이나 통통한 사람 중에 "지금 이 몸으로 헬스장에 가기는 부끄러우니까 몸을 좀 만들고 가야지."라고 말하는 사람이 있는데, 그건 잘못된 생각입니다.

헬스장에 가는 사람들은 모두 자기 근육과 자기 스타일 외에는 보지 않습니다! (웃음) 남이 삐쩍 말랐든, 뚱뚱하든, 자기 근육 외에는 관심이 없답니다.

자신을 사랑하지 못하는 사람은 주변 사람을 매료할 수 없습니다. 나르시스트가 되어도 좋습니다.

그리고 똥 싸는 자세를 하거나 근력운동을 하면 체력이 붙습니다.

또한 몸이 가벼워져서(실제로는 가볍지 않아도 그런 느낌이 들게 되죠) 의욕도 높아집니다. 의욕이 높아지면 행동 범위도 넓어지고, 사람과 만날 기회도 많아지지요.

그러므로 자신을 바꾸고 싶은 사람, 인생을 즐기고 싶은 사람, 동정·처녀를 졸업하고 싶은 사람, 인기를 얻고 싶은 사람은 똥 싸는 자세를 합시다!

그리고 하체를 단련합시다!

본격적인 헬스장이 있는 빌딩은
11명 탈 수 있는 엘리베이터가 6명이면 꽉 찬다.

생각은 긍정적으로, 쌓인 울분은 근육으로. 그러면 겉과 속 모두 매력적인 사람으로 변신할 수 있을 겁니다!

매력적인 사람이 되면 만남이 늘어납니다. 건강해져서 병원비도 아낍니다. 근육을 위해 음주량도 줍니다.

정말 좋은 일만 수두룩하지 않습니까?

근력운동에는 인생을 바꾸는 커다란 힘이 있다! 저는 그렇게 생각합니다.

가끔 트레이너가 "내가 걱정할 만큼 운동해 봐!!"
라며 북돋아 준다.

야행성 인간은 발기력이 약하다!

발기력을 높이려면 건강한 생활이 필요하다는 사실은 이해하셨습니까? 알고는 있지만, 현실적으로 어려워… 라는 사람은 또 한 가지 데이터를 소개해 드리겠습니다.

영국의 어느 연구기관이 실행한 실험에서 '비타민D'가 부족한 사람은 테스토스테론 분비량이 적다는 결과가 나왔다고 합니다.

비타민D는 생선류 등에서 섭취할 수 있는 비타민인데, 여타 비타민과는 크게 다른 특징이 있습니다. 비타민D는 햇빛의 자외선을 받으면 체내에서 생성됩니다. 즉, **낮에 밖을 돌아다니기만 해도 테스토스테론 분비량이 증가한다**는 겁니다!

어쩜 이렇게 간단할 수 있을까요!

바깥에 산책을 나가면 기분전환도 되고, 새로운 발견이나 새로운 풍경으로 자극을 받을 뿐만 아니라, 테스토스테론까지 분비된다니……태양이 나와 있는 시간에 집에 있는 게 아깝네요!

제가 쓴 책인 《눈부시게 빛나는 쓰레기이고 싶다》에도 썼지만, AV 남자배우 대선배들 대부분 피부가 새까만 이유가 이것입니다.

30년 전의 AV 촬영 환경은 지금처럼 편리한 기재를 갖추지 못했습니다. 촬영 세팅이나 촬영 방법에 시간이 걸려서 스태프도, 출연자도 아침 8시 무렵에느 이미 현장에 와 있어야 했습니다.

그러나 섹스 말고는 남자배우가 할 일은 없습니다. 대기 시간 동안 남자배우는 촬영에 방해되지 않게 소리 없이 무엇을 했느냐 하면…… 바깥에서 일광욕을 하면서 나갈 차례를 기다렸다고 합니다.

지금처럼 스마트폰이나 휴대용 게임기가 없었던 시대다 보니 바깥에서 일광욕하며 시간을 보내는 게 최고였다고 합니다.

즉 위대한 선배들은 출연 전에 자외선을 받으면 발기력이 높아진다는 이론을 체감한 셈입니다.

피부가 새까맣고 번들번들한 남성을 보면 남성호르몬이 충만해 보인다고 하는데, 꼭 틀린 얘기는 아니었습니다.

반대로 햇빛을 받지 않아서 피부가 새하얀 남성은 비타민D가 부족한 경우가 많습니다. 섹스를 '밤 생활'이라고 부르기도 하지만, 계속 야행성 생활만 보내면 오히려 발기력이 떨어져 버리니 주의하십시오.

참고로 하루에 필요한 비타민D를 충족하려면 맑은 여름날에 매일 15분 정도 얼굴과 팔에 자외선을 쐬어 주면 좋다고 합니다.

또 한 가지 더……. AV 남자배우라고 하면 '새까맣고 근육질 몸에 번쩍이는 금목걸이'라는 모습을 상상할지도 모릅니다.

그런 사람을 보면 "AV 남자배우 같아!"라는 말을 종종 듣는데, 요즘 시대에 '새까맣고 근육질 몸매에 번쩍이는 금목걸이'를 한 AV 남자배우는 없습니다. '피부가 새까만 근육질'은 2~3명 있을까 말까입니다.

지금은 평범한 대학생이나 어디에나 있을 법한 아저씨처럼 생긴 AV 남자배우가 많아서 길을 걷다가 '엄청 평범하게 생긴' 사람을 가리키며 'AV 남자배우 같아!'라고 말하는 쪽이 가능성이 더 높습니다. (웃음)

근력운동 메모 전설적인 보디빌더의 트레이닝 노트를 봤더니 '8월 10일○, 8월 11일△'라고 쓰여 있었다(계속).

콤플렉스가 낳는 스트레스

마음속의 스트레스를 없애기 위해서는 **자신의 콤플렉스와 마주 보는 것도 중요합니다.** 콤플렉스는 누구에게나 있지만, 계속 부정적으로 담아 두기만 하면 스트레스는 사라지지 않습니다.

저는 어릴 적부터 똥에 흥미가 있었습니다. 그것이 줄곧 제 콤플렉스였습니다. 초등학교에서도 중학교에서도 친한 친구들 외에는 '똥을 좋아하는 성벽'을 숨기며 답답한 청춘을 보냈습니다.

그러나 변 계통 AV의 명작(?) '분뇨가족 로빈슨2'를 보고, 지금까지 콤플렉스였던 성벽을 처음으로 누군가가 긍정해 준 듯한 기분이 들었습니다. 나는 나대로 괜찮다고 진심으로 안심하게 되었습니다.

콤플렉스의 이면에는 '자기다움'이 존재합니다.

그리고 '사람은 이래야 한다'라는 개념은 버려도 괜찮습니다! **나는 대체 지금까지 무엇 때문에 주변의 시선과 평판에 신경을 써야 했던 걸까?! 바보 같아. 내 가치와 내 인생은 내가 정하는 거야! 남이 내 가치를 정하게 놔둘 순 없어!** 라고 깨닫게 해 주었습니다. 똥이 말이지요! (웃음)

그때부터 AV 배우를 꿈꾸게 되었으니 지금의 제가 있는 건 전부 똥을 좋아하는 성벽 덕분입니다.

그리고 제게는 또 하나의 콤플렉스가 있었습니다.

그것은 삐쩍 마른 몸입니다. 원래 고등학생 때 복싱을 해서 복근은 있었지만, 근육 자체가 크지 않아서 옷을 입으면 여자아이들에게 "허수아비 같아!" "부서질 것 같아." 라는 말을 들었습니다.

'벗으면 이소룡처럼 엄청나다고!'라고 생각했지만, 그렇다고 벗어서 보여주는 것도 이상하고, 왠지 변명처럼 느껴져서 옷을 입은 상태에서 몸이 약하다는 말을 듣기가 정말 싫었습니다.

그래서 일거리가 궤도에 오르기 시작한 20살 때 근력운동을 시작했습니다. 그때부터 근력운동의 매력에 푹 빠져 버렸고, 지금은 생활의 일부가 되었습니다.

저는 콤플렉스를 계기로 정말 좋아하는 직업을 만났고, 푹 빠질 수 있는 취미를 얻었습니다. **콤플렉스를 스트레스로 두느냐, 긍정적으로 살아가기 위한 힘으로 만드느냐는 자기가 어떻게 하느냐에 달렸습니다.**

콤플렉스는 자신을 움직이는 에너지가 됩니다.

콤플렉스를 가지고 있는 사람은 자신의 콤플렉스를 뒤돌아보고, 그것을 인정했으면 좋겠습니다. 아니면 종이에 자신의 싫은 점을 써서 어떻게 하면 싫어하는 점을 좋아할 수 있을지 주변 사람에게 의견

보통은 '벤치프레스 100kg×6'이라고 쓰는데
'그날 내가 한 운동이 만족스러웠는가'를 쓰는 것이었다.

을 구했으면 합니다.

'콤플렉스의 이면에는 자기다움이 숨어 있다'

이것은 제가 콤플렉스로부터 배운 교훈입니다.
세상의 상식보다도 자기다움을 아끼면 콤플렉스도 당신의 매력으로 바꿀 수 있습니다.

근력운동
메모

덮밥집에 가면 '생달걀 10개!'

남자에게도 생리가 있다!?

몸이 나른하고 식욕이 없거나 몸 상태가 좋지 않을 때는 짜증이 나고 스트레스가 쌓이지요. 특히 여성은 생리로 호르몬의 균형이 바뀌므로 이런 변화는 어쩔 수가 없습니다.

여기서 깜짝 놀랄 사실을 하나 알려드리죠!

사실은 남성에게도 '생리'가 있습니다!

여성과 마찬가지로 남성에게도 주기적인 생리가 찾아옵니다. 정확하게는 생리와 비슷한 **'고환 주기'**라고도 부르는 생리현상인데, 항간에는 '남자 생리'라고 부릅니다.

여성의 생리는 매달 한 번 월경이 찾아오는 생리현상입니다. 이 생리 주기에는 골반의 개폐운동이 뒤따릅니다. 여성호르몬의 작용으로 골반이 열리고 닫히기를 반복하고, 그로 인해 호르몬 분비가 촉진됩니다. 월경일 때는 골반이 열린 상태가 됩니다.

그런데 남성의 생리는 자궁이 없으므로 여성처럼 생리혈을 내보내지는 않지만, 골반의 개폐운동은 여성과 마찬가지로 존재한다고 합니다. 개폐 주기는 4주간이라고 하므로 매달 한 번 생리가 찾아오는 셈입니다. 이것도 여성과 똑같지요.

　골반이 열리는 저조기에는 정서가 불안정해지고 정력도 감퇴합니다. 반대로 골반이 닫히는 고조기에는 활기가 넘치고 정력도 왕성해집니다. 그래서 '요즘에는 섹스가 너무 하고 싶어' 또는 '별로 흥분이 안 돼'라고 느낄 때는 남자 생리의 영향을 받아서겠지요.

　물론 증상마다 개인차가 있고, 증상이 거의 나타나지 않는 사람도 있다고 하는데, 정기적으로 원인을 알 수 없는 피로나 무기력감이 덮치는 남성은 어쩌면 남자 생리가 원인인지도 모릅니다.

　이 사실을 깨달은 저는 물 만난 고기처럼 '오늘 의욕이 없는 건 남자 생리라서다! 호르몬 균형 때문이니까 어쩔 수 없는 거야!' 라고 멋대로 나쁜 건 남자 생리 탓으로 돌립니다(웃음).

　그러면 왠지 기분이 상쾌해집니다.
　사람은 원인을 알면 불안이 해소되거든요.

여러분도 불편한 일이 있어서 기분이 저조할 때는 '그래! 이건 다 남자 생리 때문이야!' 라고 남 탓……이 아니라 남자 생리 탓으로 돌려서 답답함을 떨쳐 버립시다! (답답한 원인이 분명할 때는 남자 생리 탓으로 돌리면 안 됩니다!)

근력운동
메모

단백질은 1g에 20엔(약 200원)정도라고 생각한다.

쓰지 않는 기능은 녹슨다!? 그러니까 자위하라

누구나 한 번은 들은 적이 있는 인간의 3대 욕구가 있습니다.

바로 '식욕' '수면욕' '성욕'이지요.

이것은 본능적인 욕구이며 이 욕구가 채워지지 않으면 스트레스가 쌓입니다. 공복이나 수면 부족이 정신적으로나 육체적으로나 스트레스가 되듯이 성욕 역시 채워지지 않으면 스트레스의 요인이 됩니다.

매일 밥도 먹고, 잠도 자는데, 성욕은 툭하면 뒷전으로 미룹니다. 물론 섹스는 상대가 없으면 못 하지요.

그러니까 **자위가 존재**하는 겁니다. 성적인 즐거움에 죄책감을 느끼는 사람도 있지만, 나쁜 행위는 아닙니다. 오히려 마음껏 해야 합니다.

저는 매일 사정을 하려고 합니다.

그건 섹스일 때도 있고, 자위일 때도 있습니다. 매일 적어도 2번입니다. '사정 횟수를 줄이는 편이 정력이 쌓여서 강해진다'라고 생각하는 '자위 금욕파'도 있지만, 제 생각은 다릅니다.

이건 제가 직접 들은 얘기입니다.

일선에서 활약하던 어떤 AV 남자배우가 개인 사정으로 은퇴하여 다른 직업을 얻었는데, 너무 바빠서 3개월간 섹스도 자위도 전혀 못했다고 합니다.

그 뒤에 겨우 일이 마무리지어져서 사정하려고 했더니, 자신 있던 페니스는 작아지고 정자의 양도 줄어서 왠지 부끄러웠다고 합니다.

즉, 운동기능이나 심폐기능과 마찬가지로 생식기능도 쓰지 않으면 녹슨다는 말입니다! **성욕은 계속해서 억제하면 점차 감퇴합니다.** 이것은 성욕이 계속 쌓인 채면 점점 스트레스가 쌓이기 때문에 몸이 성욕을 채우지 못한 상태에 적응한 결과라고 생각됩니다.

성욕이 감퇴한다는 말은 테스토스테론 분비가 줄고, 힘도 발기력도 저하한다는 의미입니다. 수컷은 섹스나 자위를 적극적으로 해야 수명도 늘어난다! 이 말을 믿지 않을 수 없습니다.

크리스마스든, 설날이든
항상 똑같은 얼굴들이 헬스장에 모인다.

'성욕(性欲)'이라는 한자는 '마음이 활기가 넘치는 욕망'이라고 씁니다. 그 말이 맞습니다.

방송에 나온 장수 할아버지는 성욕이 강한지도 모릅니다. 야한 얘기를 하면 생기가 넘치는 사람이 얼마나 많은지! (웃음)

성욕이 있기 때문에 인생이 즐겁습니다!

그 성욕을 줄이지 않기 위해서도 저는 자위와 똥 싸는 자세를 강하게 추천합니다!

헬스장 로커는 072번을 쓴다. 아니면 019, 043, 069, 093 등.
(072=자위 019=사정 043=아깝다, 나 069=육구 093=마누라)

제 3 장

시미켄 류!
발기력 상승
근력운동

근력운동 효과를 높이는 포인트

여기서부터는 제가 추천하는 '발기력이 상승하는 근력운동'을 소개하겠습니다.

전부 집에서 가볍게 할 수 있으므로 운동하기가 귀찮은 분도 문제 없습니다.

기본은 종목별로 8~10회×3세트. 1세트만 하면 근육이 다져지지 않으므로 열심히 3세트를 실시합시다.

그래도 귀찮다……라고 생각되는 날은 '1회×1세트'(요컨대 한 번만!)라도 좋으니까 포기하지 마세요.

한 세트 사이에 휴식 시간이 짧을수록 몸에 부담은 커지지만, 기본 30초~1분이라고 생각해 주세요.

그리고 근력운동을 할 때 가장 중요한 것은 '정확한 자세'를 취하는 것입니다.

'지금부터 단련하자!
○○근아'라고
근육과 대화해 보자

비복근

대둔근

대퇴사두근

근력운동
메모

여름에 탈의실 거울은 항상 보디빌더가 독점한다.

내전근군

승모근

대퇴사두근의
외측광근과 내측광근

정확한 자세를 익히려면 어느 근육을 단련하는 운동인지를 사전에 이해하고, 되도록 단련할 그 부위와 '지금부터 단련하자! ○○근아!'라고 대화하면 효과가 높아집니다(이거 진짜입니다!!)

또 근력운동은 어느 정도 높은 강도=노력도 중요합니다.

아무래도 즐거운 트레이닝만으로는 그리 높은 효과를 거둘 수 없습니다. 노력하면 노력한 만큼 좋은 결과를 얻는 것이 바로 근력운동입니다.

처음부터 무리할 필요는 없지만, 익숙해지거나 마음이 내킬 때는 강도를 높이거나 휴식시간을 짧게 잡는 등, 근육을 다지세요.

근육을 다질수록 효과가 커지고, 테스토스테론 분비도 촉진됩니다.

그러면 발기력도 성욕도 확 높아질 겁니다!

근력운동
메모

헬스장에서 운동하는 여성은 전부 매력적으로 보인다.

똥 싸는 자세

깊이 쭈그리고 앉아 엉덩이의 대둔근을 늘리면서
골반 밑을 감싸는 근육군도 함께 단련한다.
마지막에 손을 쓰지 않고 일어나기까지를 한 세트로 친다.

목표
60초

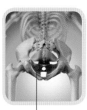

골반저근군

 다리를 어깨너비로 벌리고 서서 뒤꿈치를 바닥에 붙인 채 쭈그려 앉는다.
발끝과 무릎은 바깥쪽으로 벌린다.

배리에이션

팔로 균형 잡기

뒤로 넘어질 듯 불안정하면 양팔을
앞쪽으로 뻗어서 균형을 잡는다.
발목이 굳은 사람은 먼저 이 자세부터
시작해서 발목을 유연하게 한다.

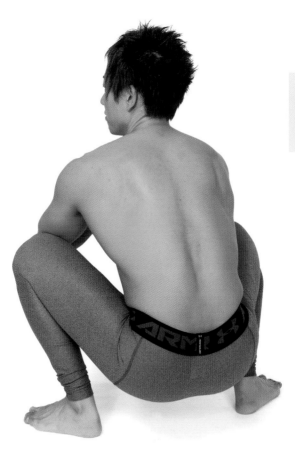

손을 쓰지
말고 일어나는
자세는
P72 참조

2 바닥에 딱 붙인 뒤꿈치에 중심을 싣고 엉덩이를 내린다.
발끝으로 중심이 쏠리면 골반저근군이 단련되지 않는다.

똥 싸는 자세로 스쿼트

똥 싸는 자세↔일어서기'를 연속해서 반복하는 스쿼트.
뒤꿈치에 중심을 싣고 일어나면
남성의 성적 매력 포인트인 대둔근이 단련된다.

목표
10회×
3세트

대둔근

① 다리를 어깨너비로 벌리고 서서 뒤꿈치를 바닥에 붙인 채,
뒤꿈치에 중심을 싣고 쭈그려 앉으면 똥 싸는 자세가 된다.

변 형

가방으로 강도를 높이자

조금 더 고강도로 단련하고
싶은 사람은 잡지 등을 넣은
무거운 가방을 메고 스쿼트를
하면 강도를 높일 수 있다.

2 똥 싸는 자세에서 뒤꿈치에 중심을 실은 채 천천히 일어난다.
마지막까지 뒤꿈치를 떼지 않는다. 일어나면 **❶**의 자세로 돌아간다.

한쪽 다리 스쿼트

발끝에 중심을 싣고 낮춘 엉덩이를 올리는 스쿼트.
발기력을 높이는 테스토스테론 분비를 촉진한다.
허벅지 앞면의 대퇴사두근을 중심으로 하체를 단련한다.

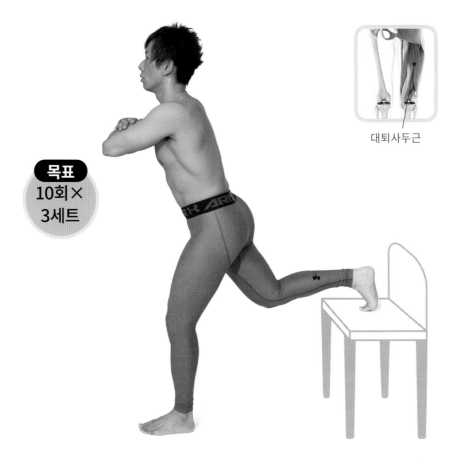

대퇴사두근

목표
10회×
3세트

① 의자 앞에 똑바로 서서 한쪽 발을 뒤로 들어서 발끝을 의자에 올린다.
앞발은 발끝에 중심을 실어서 무릎을 가볍게 구부린다.

의자 없이 하는 방법

근력이 약한 사람은 의자를 쓰지 말고
뒷다리의 발가락을 바닥에서 세우는
방법으로 부담을 낮춘다. 앞발끝에
중심을 싣는 동작은 기본과 똑같다.

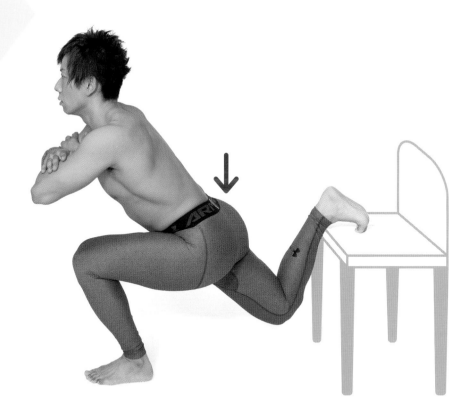

② 발끝에 중심을 실은 채 앞발의 무릎을 구부려서 엉덩이를 깊이 낮춘다.
거기서 다시 발끝 중심으로 엉덩이를 올려서 **❶**의 자세로 돌아온다.

한발로 힙 리프트

뒤꿈치에 중심을 싣고 엉덩이를 들어 올리는 동작으로
허벅지 뒤쪽의 햄스트링을 강하게 단련한다.
하체의 혈액순환이 좋아지며 호르몬 공급도 활발해진다.

목표
10회×
3세트

햄스트링

① 누워서 한쪽 다리의 뒤꿈치를 의자에 올린다. 그리고 무릎을 가볍게 구부리고
의자에 올린 뒤꿈치에 중심을 실으며 엉덩이를 가볍게 들어 올린다.

양 뒤꿈치를 올린다

근력이 약한 사람은 의자에 양
뒤꿈치를 올려 강도를 낮춘다.
뒤꿈치에 중심을 싣고 엉덩이를 들어
올리는 동작은 한발 동작과 똑같다.

2 뒤꿈치에 중심을 실은 채, 등이 일직선이 될 때까지 엉덩이를 들어
올린다. 의자가 딱딱하면 수건이나 방석, 쿠션 등을 깐다.

브리지 포즈

엉덩이를 들어 올린 자세를 유지하는 요가 자세.
엉덩이의 대둔근을 단련하는 동작, 골반저근군을 죄는 동작 등
발기력 증진을 돕는 복합 동작을 동시에 한다.

목표
30초×
2세트

척추기립근

1 누운 자세에서 엉덩이를 들고 양손은 등 뒤에서 깍지를 낀다.
깍지 낀 양팔을 아래로 늘려서 견갑골을 모으고, 가슴을 활짝 편다.

깍지 낀 양손을 쭉 편다

등 뒤로 깍지 낀 양손을 쭉 펴면
견갑골이 모이면서 가슴을 펼 수 있다.
견갑골을 모으면 척주기립근이
움직이면서 등이 잘 젖혀진다.

② 가슴을 편 채 뒤꿈치에 중심을 싣고 상체가 젖혀질 때까지
엉덩이를 높이 치켜든다. 이 자세를 계속 유지한다.

허벅지 안쪽을 단련해서 서혜부의 혈액순환을 좋게 한다.

이너싸이(솔로)

다리를 벌리려는 팔심에 대항하듯 다리를 닫으려는 동작으로
장내전근을 중심으로 하는 허벅지 안쪽의 내전근군을 단단히 단련한다.
내전근군을 자극하면 고환과 페니스의 혈액순환이 촉진된다.

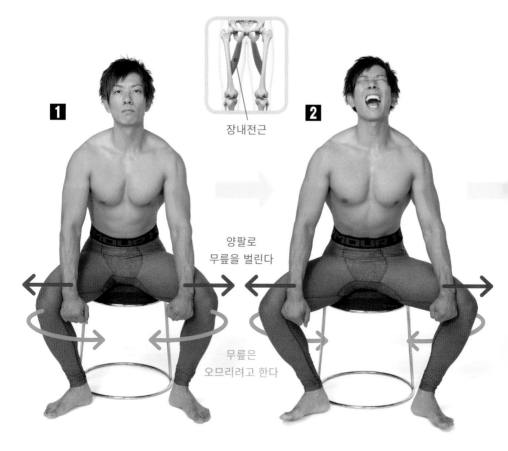

장내전근

1

2

양팔로
무릎을 벌린다

무릎은
오므리려고 한다

 의자에 앉아서 다리를 벌린 자세에서 좌우 무릎 안쪽에
양팔을 댄다. 그리고 팔심으로 다리를 벌린다.

목표
10회×
3세트

다리에 힘을 계속 준다

다리를 팔심으로 벌릴 때 힘을 빼지
말고, 팔심에 대항하며 계속 오므린다.
다리를 오므리는 동작을 유지하면
내전근이 강하게 단련된다.

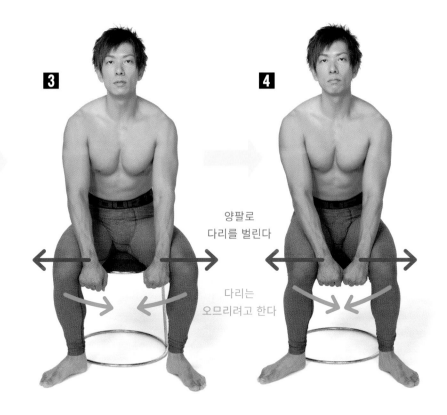

3

4

양팔로
다리를 벌린다

다리는
오므리려고 한다

2 다리를 벌리려는 팔심에 대항하면서 다리를 오므린다. 거기서
또 팔심에 대항하면서 다리를 벌린 1의 자세로 돌아간다.

허벅지 안쪽을 강렬하게 단련하는 2인 트레이닝

이너싸이(페어)

다리를 벌리려고 하는 파트너의 힘에 대항하면서 다리를 오므리는
동작으로 장내전근을 중심으로 한 허벅지 안쪽의 내전근군을 단련한다.
자신의 팔심을 쓰는 것보다 강도 높게 내전근군을 단련할 수 있다.

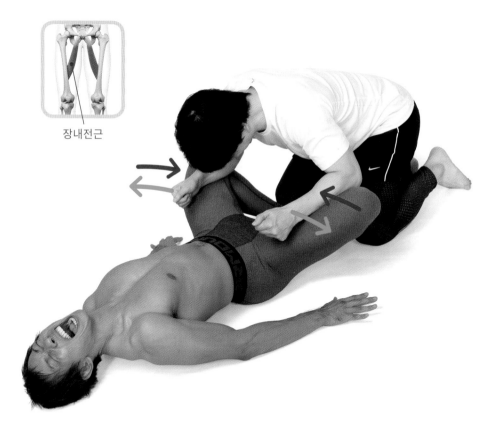

장내전근

목표
10회×
3세트

① 다리를 벌리고 누운 자세에서 파트너가 허벅지 안쪽
아랫부분에 아래팔을 대고, 팔심으로 다리를 크게 벌린다.

최대한 넓게 벌리자

둘이서 하면 다리를 더 크게 벌릴 수
있다. 근육은 강한 힘으로 늘리면
단단하게 단련되므로 파트너는 다리를
넓게 벌려셔 내전근군을 늘린다.

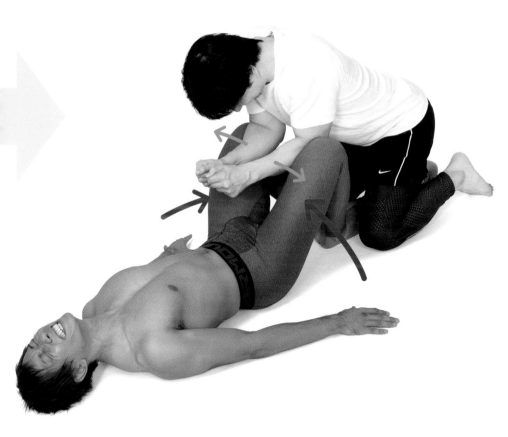

② 다리를 벌리려고 하는 파트너의 힘에 대항해 다리를 오므리려고 한다.
다리를 오므리면 다시 팔심에 대항해 다리를 벌린 1의 자세로 돌아간다.

카프 레이즈

다리를 치켜드는 동작으로 종아리 근육을 단련한다.
종아리가 굳으면 하체의 혈액순환이 나빠져서
호르몬 공급량도 저하되므로 주의할 것.

목표
10회 ×
3세트

비복근 　 넙치근

1

벽 앞에 낮은 받침대를 두고
양다리의 발끝을 올린다.
거기서 벽이나 기둥을 잡고
무릎을 쭉 뻗은 채
뒤꿈치를 아래로 내린다.
집안이라면 현관 턱이나
계단에서도 OK

가방으로 강도를 높이자

조금 더 고강도로 단련하고 싶은
사람은 잡지 등을 넣은 가방을
메서 강도를 높인다. 한쪽 다리로
해도 강도를 높일 수 있다.

무릎을 쭉 편 채
까치발을 세우는 동작으로
뒤꿈치를 높이 든다.
발목의 움직임만으로
몸을 들어 올린다.

쉬러그

어깨를 으쓱하는 동작으로 목덜미 부분에 있는 승모근 윗부분을 단련한다.
목부터 어깨, 등까지 퍼져있는 승모근은 상체 근육 중에 가장
테스토스테론 분비를 촉진하는 수용체가 많은 근육이다.

승모근

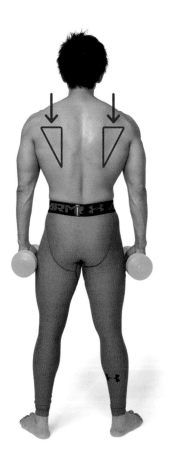

 양팔로 덤벨을 들고, 다리를 어깨너비로 벌려서 선다.
덤벨의 무게로 승모근이 내려간 상태.

덤벨 대신 가방으로

집에 덤벨이 없는 사람은 책이나
잡지가 들어간 무거운 가방을 양손에
들고 하는 방법도 있다. 이때도
등을 쭉 펴고 어깨를 움츠린다.

목표
10회×
3세트

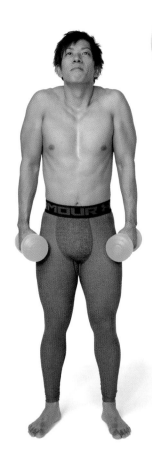

2 등을 쭉 편 채 양어깨를 으쓱하는 동작으로 승모근을 위로 끌어올린다.
머리는 살짝 뒤로 젖혀서 승모근을 수축시킨다.

심호흡

가슴을 펴서 흉곽을 열고, 흉곽 속의 폐에 공기를 넣는다.
가슴이나 체내 세포에 충분한 산소가 공급되면
산소결핍에 의한 피로나 스트레스 누적을 막는 효과가 있다.

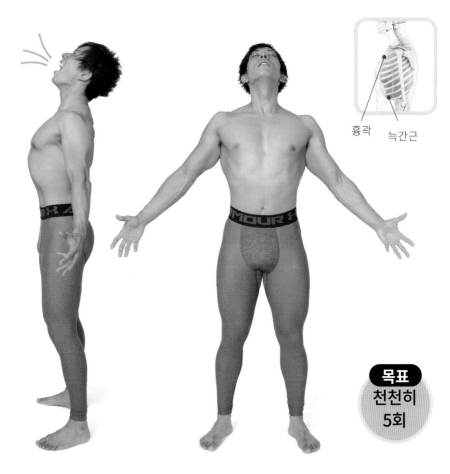

흉곽   늑간근

목표
천천히
5회

1 양팔을 크게 벌려서 등을 펴고
가슴을 열어서 숨을 천천히, 그리고 많이 들이마신다.

흉곽을 짝 편다

들이쉴 때 배를 부풀리는 복식호흡이
아닌 흉식 호흡으로 흉곽, 그리고
늑골과 늑골 사이를 연다. 가슴을
펴면 코르티솔 분비량도 감소한다.

2 머리부터 등을 둥글게 말아서 숨을 크게 내쉰다.
등을 말면 흉곽이 수축하여 숨을 깊이 내쉴 수 있다.

연속 만세

만세 동작을 반복하여 어깨를 감싼 삼각근이나
견갑골 주변에 있는 잔잔한 근육을 풀어서
스트레스로 이어지는 어깨 결림을 예방하고 완화한다.

①

다리를 어깨너비로
벌리고 서서
주먹을 가볍게 쥐고
손바닥을 앞으로 향하여
양 팔꿈치를 벌린 채
몸 옆면에 끌어내린다.

어깨 주변의
근육

목표

일정 템포로
연속 20회

90

손바닥은 앞으로 향한다

손바닥을 앞으로 향하여 팔을
들어 올리면 어깨관절과 견갑골이
동시에 가동되기 때문에 삼각근이나
견갑골 주변 근육이 풀린다.

손바닥을 앞으로 향해
양팔을 머리 위로 올려서
만세 포즈를 취한다.
그리고 다시 1로 돌아온다.

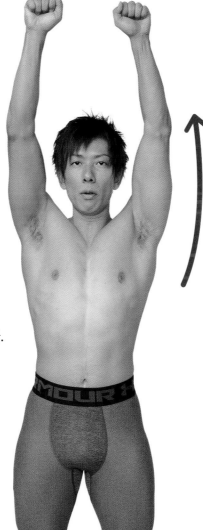

연속 쥐었다 폈다

주먹을 쥐었다가 펴는 동작을 반복하여
말단 신경과 근육에 자극을 주는 간단한 운동.
아침에 일어나서 하면 잠이 든 뇌와 몸을 깨우는 효과가 있다.

전완부의
신경과 근육

①

양팔을 앞으로 뻗고
손바닥을 앞으로 편다.
이 때, 다섯 손가락을
최대한 쫙 편다.

목표

일정 템포로
연속 20회

손가락은 쫙 벌린다

꽉 쥐는 동작뿐만 아니라
손가락을 힘껏 벌리는 동작도 중요.
손가락 사이를 최대한 떨어트려서
손바닥이 늘어날 때까지 크게 벌린다.

❷

벌린 손가락을 꽉 쥐어서
주먹을 만든다.
다섯 손가락을
확실히 쥔다.

헬스클럽에 가 보자

　이 책에서 소개하는 종목을 계속하면 집안에서 발기력을 높이는 근육을 단단히 단련할 수 있습니다.

　'한발 스쿼트'(P74)나 '한발 힙 리프트'(P76)처럼 살짝 힘든 종목은 강도 낮은 자세도 설명했으니 체력에 맞는 동작을 고르세요.

　기본적으로는 각 종목 모두 주 2회가 목표지만, 하루에 많은 종목을 소화하는 방법이든, 매일 1~2종목을 하는 방법이든 뭐든지 괜찮습니다. 다만, 같은 종목을 주 2회 실시할 때는 근육의 피로를 풀어줘야 하므로 48시간 이상 비워둘 것. 근육은 피로회복 기간에 성장하므로 같은 종목을 연달아서 해도 근육에 피로가 누적되어서 오히려 성장을 방해할 우려가 있습니다.

인클라인벤치를 하면서 "기분 좋다! 기분 좋다!"
하고 소리치는 사람을 본 적이 있다.

몸에 산소를 공급하는 '심호흡'(P88)이나 어깨 결림 예방, 완화를 해결하는 '연속 만세'(P90) 등은 스트레칭 요소가 크므로 가능하면 매일 합시다. '연속 쥐었다 폈다'(P92)는 일단 악력 운동이지만, 강도가 낮아서 저도 마찬가지로 매일 아침에 일어나면 하는데, 틈날 때마다 하는 것을 추천합니다.

바빠서 헬스장에 다닐 여유가 없는 사람은 집에서 하는 운동이 쉽고 편합니다. 헬스장에 가는 시간도, 매일 헬스비를 내지 않아도 됩니다. 그래도 방에서 하는 근력운동이 부족하다고 느끼거나, 동기가 사라졌다면 헬스장에 가는 것도 고려해보면 어떨까요?

헬스장에 가는 최대의 장점은 운동하고자 하는 의욕이 솟는다는 점입니다.

집에서 묵묵히 근력운동을 하려면 굉장한 정신력이 필요한데, 헬스장에 가면 주변 사람에게 자극을 받고, 자연스럽게 '나도 해야지'라는 마음과 '하지 않으면 손해다!'라는 마음이 들거든요.

그리고 모범이 되는 트레이닝 상급자도 많이 있고요.

누군가가 운동하는 모습을 보기만 해도 공부가 됩니다.

크면 클수록 우리 헬스장에서는 위대한 사람이다.

또 다양한 트레이닝 머신이 있어서 금방 싫증이 나지 않고, 같은 근육이라도 다양한 자극을 줄 수 있어서 근육도 성장하기 쉽습니다.

힘·목소리·땀을 내면 스트레스 발산도 되고, 무엇보다 기분전환이 되어서 기운이 납니다!

근력운동
메모

연간 닭고기 소비량이 2,000마리가 넘는 사람이 있다.
그 사람은 닭고기를 너무 먹어서 얼굴이 점점 새처럼 변했다.

제 4 장

다이어트도 되고
발기력도 높여주는
식사법

식(食)이라는
한자는
사람(人)을
잘 되게(良)
한다는 뜻이다!

다이어트의 90퍼센트는 식단 조절

　살이 찌고 안 찌고의 구조는 매우 단순합니다. 섭취 칼로리(에너지)보다 소비하는 칼로리가 많으면 체지방이 에너지로 전환되어 연소됩니다. 반대로 소비 칼로리보다 섭취 칼로리가 많으면 남은 에너지가 체지방이 되어 쌓입니다.

　어쨌거나 칼로리라고 해도 물 온도를 1℃ 올리는 데 필요한 열량을 나타내는 단위일 뿐, 그것을 사람에게 적용한다니, 잔인하기는 하지만, 숫자로 보면 알기 쉬우므로 여기서는 받아들이도록 합시다! (붉은 고기 100kcal와 감자칩 100kcal 중에……몸이 뭘 더 좋아할지 뻔하지요).

　제2장에서도 설명했지만(P49~52), 살이 찌면 테스토스테론 분비가 저하하므로 지방이 붙지 않게 주의하는 것도 발기력을 상승하는 포인트입니다. **체지방률이 높아지면 발기력이 약해집니다.**

　단, 발기력을 높이겠다고 지방과 체중만 줄인다고 좋은 것은 아닙니다. 근육까지 빠져서 빈약해지면 주객전도가 된 셈이지요.

　'근육을 유지하면서 지방을 줄이자'가 몸만들기의 목표입니다.

근력운동
메모

다리를 집중적으로 격하게 운동한
날은 지팡이가 필요하다.

다이어트라고 하면 운동을 통해 살을 뺀다는 이미지가 있는데, 제 개인적인 견해를 말하자면 **식사가 99%, 운동은 해봤자 1%**라고 말하고 싶습니다.

성인남성이 지방 1kg을 빼려면 장거리 마라톤을 3번 뛰어야 하는 계산이 나옵니다.

그러므로 운동으로 소비 칼로리를 늘리기보다 식사로 섭취 칼로리를 줄이는 편이 분명 조절하기도 쉽고, 효과적입니다.

운동이나 트레이닝으로 살을 빼려고 해도 노력만큼 효과가 나오지 않아서 좌절하는 사람이 대부분입니다. 운동이나 트레이닝을 시작한 이유가 '다이어트'인 사람은 좌절하기 쉬운 정신을 가진 소유주라고 할 수 있습니다.

덧붙이자면 저는 근력운동을 할 때 '뇌·신경·장기·피와 살! 자, 다 같이 대화하자!'라는 정신으로 임하지, 살을 빼야 한다고 생각하지 않습니다.

'다이어트'가 목적일 때는 식생활을 바꾸는 편이 지방이 확실히 빠집니다.

식사로 지방을 빼려면 역시 단백질이나 당질(탄수화물), 지방질의 섭취량을 정확히 계산하는 것이 기본입니다.

그리고 당질은 섭취량은 물론이거니와 '무슨 재료로 섭취할지'가 의외로 중요하기도 합니다.

당질이 있는 식품에는 크게 나눠서 '고GI 식품'과 '저GI 식품'이 있습니다. GI란 'Glycemic Index'의 약자로 식후의 혈당치가 상승하는 속도를 나타내는 수치입니다. GI 수치가 높은 식품을 먹으면 혈당치가 급격히 상승하고, 상승한 혈당치를 억제하기 위해 인슐린이라는 호르몬이 과도하게 분비됩니다.

인슐린에는 지방 생성을 촉진하는 작용이 있는 탓에 과다 분비되면 체지방 증가로 이어집니다.

반대로 GI 수치가 낮은 식품을 먹으면 혈당치의 상승이 완만해지므로 같은 칼로리를 섭취해도 고GI 식품보다 저GI 식품을 먹어야 지방이 붙지 않습니다.

고GI 식품은 그렇게 많지 않은데, 흰쌀과 빵, 면류, 감자, 당근, 옥수수, 설탕이 들어간 식품 등이죠.

탄수화물이라도 현미나 호밀 빵, 메밀 등은 비교적 GI 수치가 낮습니다. 최근에 흰쌀 대신 현미나 오곡밥을 먹는 사람이 늘어난 것도 저GI 식품이라서입니다.

근력운동 메모

닭고기를 믹서기에 갈아서 마시는 사람을 보았다.

그런데 말이죠! 흰쌀밥 먹고 싶잖아요!

그래서 저는 마음껏 먹고 있습니다! 먹는 타이밍만 잘 잡으면 괜찮습니다! 다이어트를 하지 않아도, 무리한 당질 제한은 스트레스만 유발할 뿐! 애써 참지 말고, 식생활에 저GI 식품을 현명하게 잘 섭취합시다.

근력운동 메모
대회를 앞둔 보디빌더가 수박을 먹었더니 멈출 수 없어서 껍질까지 먹어버렸다며 울었다.

시미켄 오리지널 '발기 식단'

제게는 오리지널 '발기 밥'이 있습니다. P38에서 도시락을 만들어 촬영 현장에 가져간다고 썼는데, 이 도시락이야말로 제 정력과 성욕의 근원……이라고 하면 과장이지만, '발기 밥'입니다.

발기 밥의 기본은 채소입니다. 브로콜리, 당근, 시금치, 양배추, 미니토마토, 오크라, 호박, 새싹채소. 때때로 여기에 버섯, 가슴살 소시지, 참마를 추가합니다. 가끔 닭가슴살을 잘라서 넣기도 합니다.

채소나 버섯으로 몸에 필요한 비타민, 미네랄, 식물섬유를 흡수하고, 고단백 저지방인 가슴살 소시지로 단백질까지 야무지게 섭취. 그리고 참마는 테스토스테론 재료가 되는 디하이드로에피안드로스테론(DHEA)과 비슷한 작용을 하는 성분(디오스게닌)이 포함되어 있어서 이것도 발기력 향상에는 뺄 수 없는 재료입니다(참고로 디오스게닌에는 알츠하이머를 예방하는 작용도 있다고 합니다).

이런 식재료를 한입 크기로 크게 찢어서(요리를 잘 못 해서 냉동 채소나 잘라놓은 채소를 사 올 때도 많습니다만) 실리콘 용기에 넣고 전자레인지에 돌리면 완성!!

매일 아침 두 끼 정도를 만들어서 밀폐 용기에 넣고 도시락처럼 만듭니다. 재료는 많지만, 손이 많이 가지 않아서 익숙해지면 15분 만에 만들 수 있습니다.

발기 밥은 기본적으로 간을 맞추지 않습니다.

왜냐하면 '밤에 맛이 강한 음식을 먹는 것을 좋아하니까 아침, 점심 정도는 신경 쓰고 싶어서……'를 이유로 들 수 있겠습니다.

맛보다 영양과 간편함을 중시했지만, 발기력을 높이기 위해 제가 연구에 연구를 거듭하여 이룬 자랑스러운(?) 재료들입니다.

밤에는 라멘, 숯불구이, 한국요리, 이탈리안, 중화 등 뭐든지 먹는데, 먹기 전에 발기 밥을 조금 먹고 나서 먹습니다.

그렇게 하면 기름기 등의 흡수가 잘 되어서 '느낌상' 살이 찌지 않는 것 같습니다. 저는 이것을 '(내장에) 풀을 깐다'라고 부릅니다.

제가 거의 매일 저녁을 먹기 전에 "(위 속에) 풀 깔고 싶다!"라거나 "아직 풀 안 깔았으니까 좀 기다려."라고 입버릇처럼 말하니까, 제 주변 사람들도 '풀을 깐다'라는 말을 쓰게 되었습니다.

헬스장 회원들은 '술을 함께 마시면'이 아니라
'함께 운동하면' 동료가 된다.

시미켄
오리지널
발기 밥

어느 날의 발기 밥

브로콜리, 당근, 시금치, 방울토마
토, 산마, 오크라, 호박, 고구마, 반
숙 계란, 가슴살 소시지. 때에 따라
버섯, 양배추 등을 추가한다.

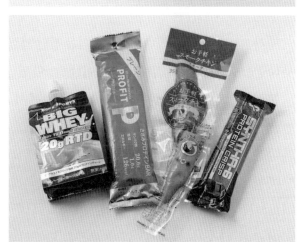

고단백 저지방 사사미 에너지바나
사사미 소시지, 단백질 드링크, 단
백질 바 등을 항상 들고 다니며 배
가 고플 때 조금씩 에너지를 보충
한다.

내가 마시는 보충제

다음으로 제가 잘 마시는 보충제를 알려드리겠습니다.

보충제에는 음식 재료에는 없는 장점이 몇 가지나 있습니다.

한 가지는 필요 이상의 칼로리를 섭취하지 않고, 원하는 영양소만 골라서 섭취할 수 있습니다.

게다가 밥과 달리 금방 섭취할 수 있고, 들고 다니기도 편합니다.

최근에는 가격도 저렴해져서 발기력을 높이는 식생활의 가장 큰 도움이 되고 있습니다.

제가 매일 마시고 있는 것은 **분리유청단백질, 아미노산 BCAA, 글루타민, 아르기닌, 멀티비타민&미네랄, 아연** 등입니다.

분리유청단백질은 우유에 포함된 유청에서 추출한 단백질입니다. 높은 단백질 함유량이 특징으로, 근육을 단련하고 싶은 사람에겐 기본이라고 할 수 있는 보충제입니다.

아침 식사 후, 근력운동을 시작하기 전과 직후에 마시면 이상적입니다(저는 매끼 후나 자기 전에도 마십니다).

최근에 나오는 프로테인은 옛날보다 맛있어서 왠지 셰이크를 마시는 기분♪

어떤 상품은 비타민이나 미네랄이 배합되어 있어서 부족한 영양소를 섭취하기 쉽고, 흡수도 잘 되어 효과적입니다.

BCAA 아미노산과 **글루타민**은 근육의 단백질을 구성하는 아미노산입니다. BCAA는 근육 에너지원으로 소비되는 아미노산인데, 부족하면 근육에서 BCAA가 빠지면서 **근육이 분해되어 버립니다.**

그러므로 배가 고플 때는 근육이 분해되지 않게 BCAA 가루를 직접 입에 털어 넣는 일이 일상다반사입니다.

글루타민은 근육에 가장 많이 포함된 아미노산이죠. 섭취하면 근육 분해를 억제하는 효과 외에도 몸의 면역력을 키워 주는 작용이 있습니다.

탄탄한 근육을 가진 사람은 감기에 잘 걸린다는 말을 들은 적이 있나요?

근력운동 후에는 근손실을 일으키므로, 면역이 근육 복원에 힘을 쏟느라 외부에서 들어온 균에는 제대로 대응하지 못한다고 합니다.

건강을 위해 단련했더니, 감기에 잘 걸리는 몸이 되다니 아이러니하네요……(웃음).

근력운동 메모 헬스장에 처음 간 날, "팔뚝이 43cm를 넘으면 여자가 끊이지 않을 거야."라는 말을 들었습니다.

저는 매일 아침 일어나면 뜨거운 물로 희석한 스포츠드링크에 아미노산을 넣어 마십니다(전자레인지에 넣으면 제 입에는 맛이 너무 진해져서). 그 아미노산이 이 BCAA와 글루타민입니다. 근육에 많이 함유된 체내 BCAA와 글루타민은 자는 중에 소비되어 부족해지므로 일어나자마자 바로 보충해서 근육 분해를 억제합니다. 또 자기 전에 섭취해도 효과적입니다.

아르기닌도 아미노산의 하나인데, 작용은 테스토스테론에 가깝고, 일산화질소(NO)를 공급하여 혈관을 확장하는 작용이 있습니다.

혈액순환이 촉진되면 발기력이 높아지고, 근육 성장도 돕습니다. 또 아르기닌은 정자의 재료이기도 해서, 섭취하면 정자를 늘리는 효과도 기대할 수 있습니다. 발기력 향상에 더욱 직접적인 효과가 있어서 예전에는 촬영 직전까지 마셨는데, 화장실에 자주 가게 되는 부작용이 있는 탓에 지금은 촬영 전에 마시지 않습니다. 화장실을 가고 싶은데 허리를 움직이면 괴롭잖아요(웃음).

이 아르기닌은 수입 보충제를 사먹고 있는데, 냄새를 맡으면 정말 말 그대로 '정자' 냄새가 납니다!

그래서 한때는 여성에게 아르기닌 냄새를 맡게 하는 장난을 자주 쳤었습니다. 여성이 "윽!" 하고 찌푸리는 표정이 너무 요염해서요.

한번은 처녀인 여성에게 맡게 했더니 "아빠 서랍 냄새!"라고 했습니다. 그 이버님은 대체 서랍에 뭘 숨겨둔 걸까요…….

멀티비타민&미네랄은 그 이름대로 비타민B, 비타민C 등 주요 비타민과 칼슘, 마그네슘 등 주요 미네랄을 한꺼번에 배합한 보충제입니다. 필수 영양소인 비타민과 미네랄을 확실히 섭취하는 것이 발기와 건강에도 중요합니다.

아연은 정자 생성에 필요한 미네랄. 체내의 산소 반응을 높여서 테스토스테론의 움직임을 촉진하는 작용도 있어서 해외에서는 '**섹스미네랄**'이라고도 부를 만큼 발기력 향상에 필수입니다.

또 식사로 필요량을 섭취하기가 어렵고, 부족해지기 쉬운 영양소이기도 해서 저는 보충제로 섭취하고 있습니다.

여기서 강하게 주장하고 싶은데, 비록 보충제가 편하기는 하지만 기본적으로는 고기나 생선, 곡물, 채소 같은 일반 재료에서 영양을 섭취하는 것이 대전제여야 하며, 보충제는 어디까지나 보조식품이라고 생각해 주세요.

근력운동 메모
삐쩍 마른 사람이 "몸집을 키우고 싶습니다!!"라고
상담하면 빅맥을 먹으라고 말하기 일쑤.

종종 '시미켄 씨는 어떤 보충제를 먹나요?' '발기에 효과 있는 보충제는 뭡니까?'라는 질문을 받습니다. 그럴 때는 **제대로 된 식사, 운동, 수면을 취하지 않는데 보충제에 의지해도 효과가 없어요** 라고 대답합니다. 제대로 된 식사, 수면, 운동이 이루어져야지만 '보충제'를 먹는 의미가 있습니다.

아무리 보충제가 간편하고 편하다고 해서 너무 의존하지 않도록 주의하세요!

근력운동 메모 라이벌이 고중량 바벨쉬러그를 하고 있을 때, 일부러 말을 걸어서 목 근육을 다치게 하는 얍삽한 수단이 존재한다.

기름도 남성호르몬 분비를 활발히 한다

그 외에도 식사에 따지고 있는 것은 '**식용유의 종류**'입니다.

기름은 지방이나 해로운 콜레스테롤을 늘려서 몸에 나쁜 물질이라고 생각하기 쉬운데, 종류에 따라서는 몸을 건강하게 하고, 발기력을 높이는 작용까지 있답니다.

제가 제일 추천하는 기름은 '**MCT오일**'입니다. MCT란 코코넛 오일 같은 야자유에 많이 함유된 중간사슬지방산이라는 천연성분입니다. 시판되는 중간사슬지방산 100%인 MCT오일은 다른 기름보다 4~5배 높은 속도로 소화, 흡수되기 때문에 빠르게 에너지로 연소해서 지방이 되기 어려운 특징이 있습니다.

또 혈당치 상승을 막아서 식욕을 억제하는 작용도 있습니다. MCT 오일을 매일 섭취하면 무리 없이 식사량을 조절할 수 있습니다.

저는 항상 커피에 이 오일을 떨어뜨려서 마시고 있습니다.

수프나 된장국에 넣어도 좋습니다. MCT오일은 죄책감 없이 기름을 섭취할 수 있어 매력적이지요.

당질(탄수화물)과 단백질은 1g당 4㎉. 그에 비해 기름(지질)은 1g

당 9kcal나 있어서 식사로 섭취 칼로리를 줄이려면 지질을 줄이는 편이 효과적입니다.

그러나 지질은 당질과 함께 몸을 움직이는 에너지원이 되며, 또 호르몬 재료가 되는 중요한 역할도 있습니다. **기름을 과도하게 줄여서 지질의 섭취량이 부족하면 결국, 발기력이 약해져 버립니다.**

실제로 어떤 임상시험에서는 지질 섭취량을 줄였더니 테스토스테론 분비량도 줄었다는 결과가 나왔다고 합니다.

저도 보디빌딩 대회에 나갔을 때 지질을 딱 끊었더니 발기가 약해진 경험이 있습니다.

또 기름과 지방은 다릅니다. 최대한 '액체 기름(油)을 섭취해라'라고 트레이너가 강조하더군요. 액체 기름은 몸속에 들어와도 막힌 혈관을 뚫어 줍니다. '고체'인 지방(脂)은 몸속에 쌓입니다.

하지만 생선 지방은 예외입니다. 등 푸른 생선에 많이 함유된 **오메가3 지방산의 DHA, EPA**도 적극적으로 섭취하여야 합니다.

회전초밥집에 가면 반드시 "오늘 등푸른 생선은 뭐가 있나요?"라는 질문부터 "그거 전부 밥 적게 해서 주세요!"라고 주문합니다.

또 호두로 오메가3 지방산을 섭취할 수도 있습니다.

견과류는 과자 대신 먹으면서 좋은 기름을 섭취할 수 있으므로 추천합니다.

오메가3 지방산에는 혈중의 해로운 콜레스테롤이나 중성지방을

벤치프레스를 돕던 파트너의 땀이
눈에 들어가서 눈을 찌푸린 적이 있다.

줄여서 혈액을 부드럽게 하는 작용이 있습니다. 혈액이 부드러워지면 혈액순환이 촉진되기 때문에 발기력도 높아집니다. 이것뿐만 아니라, 동맥경화나 뇌경색 등도 예방할 수 있으므로 섭취해서 손해될 건 없지요.

식기에 묻은 기름을 씻을 때 기름으로 씻지 않습니까? 야자유나 세제 등으로.

혈관에 쌓인 기름을 씻어내려면 역시 기름이 필요합니다.

동물성 단백질을 듬뿍 섭취하자!

종종 사람들에게 식단에 관한 상담을 받곤 하는데, 제가 느낀 점은 **모두 단백질 섭취량이 부족하다!** 입니다.

자세히 들어보면 그만큼 당질(탄수화물)이나 지질 섭취량이 많아서 식생활의 균형이 무너진 분들이 많습니다.

저는 칼로리(에너지) 섭취 균형을 대체로 '단백질 4.5:지질 3:당질 2.5'로 설정합니다.

항간에는 당질 제한 다이어트가 화제인데, 다이어트 전략 면에서는 일리가 있지만, 당질을 너무 먹지 않으면 쉽게 피곤함을 느끼고, 스트레스가 쌓이는 등 정신적으로 저하됩니다. 제 경우는 의욕도 힘도 발기력도 떨어져 버립니다. 활기찬 생활을 위해 다이어트를 하는 것인데 이래서는 본말전도입니다.

단백질 섭취량을 늘리는 방법은 간단합니다.

고기와 생선을 더 많이 먹으면 됩니다! 그렇게는 많이 못 먹어! 라는 사람은 프로테인 드링크를 마시면 됩니다!

프로테인을 마시면 살이 찐다는 사람도 있지만, 그것은 거짓입니다. 엉터리 정보입니다.

왜냐하면 **프로테인을 소화하는 데에도 몸이 칼로리를 소비하기 때문입니다. 식이유도성 열발생**(DIT)이라고 합니다.

당질로는 약 5~10%, 지질로는 약 4~5%, 단백질로는 약 30%라고 하는데, 100kcal의 단백질을 몸에 흡수하는 데 30kcal가 필요하다는 계산입니다.

덧붙여 말하면 이 **식이유도성 열발생을 기준으로 보면 '먹으면 먹을수록 살이 빠지는 음식'이 존재합니다.**

그것은 바로……완숙란, 셀러리 등입니다.

또 차가운 물도 마시면 마실수록 살이 빠집니다.

이유는 '체온을 유지하기 위해 지방을 태우기 때문'입니다.

믿어집니까? 먹으면 먹을수록 살이 빠지는 음식이 있다니요!

음식을 알게 되면 다양한 얘기와 믿을 수 없는 정보, 세상에 떠도는 소문 등에 혹하지 않고 바른 판단을 할 수 있게 되니까 재미있습니다.

근력운동 메모

벤치프레스를 돕던 파트너의 땀 냄새에 눈을 찌푸린 적이 있다.

자, 근육의 재료가 되는 단백질에는 '동물성 단백질'과 '식물성 단백질'이 있는데, 개인적으로는 여러분이 동물성 단백질을 더 드셨으면 합니다.

동물성 단백질은 고기나 생선뿐만 아니라 달걀이나 유제품으로도 섭취할 수 있습니다.

인간은 동물이기 때문에 같은 단백질이라도 동물의 근육을 먹는 편이 효과 있게 근육 재료로 쓸 수 있다고 합니다.

동물성 단백질이라고 하면 '울끈불끈해진다'라고 느껴 버리는 사람이 계실지도 모르지만, 여성도 동물성 단백질을 많이 먹어야 다이어트도 건강 유지도 성공합니다.

여성은 아무래도 식물성 단백질, 주로 낫토나 두부 같은 대두식품이나 견과류를 먹으려고 합니다. 해독 효과가 있는 식물섬유나 세포의 노화를 억제하는 레시틴, 여성호르몬과 비슷한 작용을 해서 피부나 머리, 뼈 등의 신진대사를 활발하게 해주는 이소플라본 등을 함께 섭취할 수 있어서 식물성 단백질을 중시하는 듯합니다.

그건 충분히 맞는 말입니다!

그러나 '식물성'이라는 글자 그대로 식물은 아름다운 꽃을 피웁니다. 그래서 **식물성 단백질은 외모를 아름답게 하는 성분이 많습니다.**
동물성 단백질은 '동물'이라고 쓸 정도로 힘차고 활발하게 움직이기

118 헬스장에는 "○○는 내가 키웠다"라고 말하는 아저씨가 반드시 1명은 있다.

위한 단백질, 살기 위한 근육 등을 생성한다는 이야기입니다.

　다이어트 중은 물론이고, 평소에 '왠지 의욕이 없다' '힘이 없다!' 라고 느껴질 때는 '동물성 단백질'이 부족해서입니다.

　힘이 없고 피곤할 때일수록 동물성 단백질 섭취!
　자, 여러분. 고기를 먹읍시다!

단백질이
중요해

알코올은 발기의 숙적!

저는 술을 거의 마시지 않습니다.

취해서 다 같이 웃고 떠들면 재밌긴 하지만, 되도록 알코올은 입에 넣지 않으려고 노력합니다. 한 해에 마시는 횟수는…… 5번 이하입니다.

이유는 단순합니다. **알코올은 발기의 적**이기 때문입니다.

술을 마시면 잘 서지 않는 경험, 20세 이상의 남자라면 모두 있지 않나요? 막상 눈앞에 섹시한 여성이 있는데, 쓰지를 못하다니……. 분하지요.

기본적으로 발기는 부교감신경이 우위일 때 일어나는데, 술을 마시면 자율신경 균형이 무너져서 교감신경이 우위에 옵니다. 또 알코올로 신경전달작용이 둔해져서 뇌에서 느끼는 성적 흥분이 페니스까지 잘 전달되지 않게 됩니다.

취하면 마음이 열려서 성적흥분을 느끼지만, 그 흥분이 페니스까지 충분히 전해지지 않는 탓에 발기가 되지 않는 셈입니다. 신도 참 너무하지요.

묘약을 써서 흥분하는 AV 작품을 본 적이 없습니까?

종종 "AV에서 사용하는 묘약이 정말 있나요?"라거나 "여자가 흥분하는 마법의 약이 있나요?"라는 질문을 받습니다.

여기에 대한 대답은 전부 "즐겁게 술을 마신다." 라고 생각합니다.

AV에서 '묘약을 쓰는 작품'을 찍을 때 술을 마신 편안한 상태로 촬영에 임하는 배우도 많습니다. 여성을 대담하고, 흥분되게 만드는 것도 술이라고 생각합니다.

그러나! 여성과 함께 즐겁게 술을 마시고, 모처럼 좋은 분위기가 흘렀을 때 남성이 알코올 때문에 서지 않으면…….

평범한 방법으로 다룰 수 있는 문제가 아니거든요!

실수를 줄이기 위해 신은 남녀에게 술의 효용을 반대로 준 게 아닐까요!?

그래서 발기를 직업으로 삼은 저는 알코올이 다음날까지 남을 가능성을 최대한 피해야 합니다.

근력운동 메모

근육을 위해서라면 죽을 수 있다.

또 술을 마시면 근육을 생성하는 간장이 알코올의 독소 분해를 우선시하기 때문에 힘들게 운동해도 근육이 자라지 못하는 불이익이 있다고 합니다.

그러므로 트레이닝 세계에서는 **'한 잔의 술이 일주일의 운동을 제로로 만든다'**라는 말이 있습니다.

알코올을 섭취한 뒤에 먹은 음식은 섭취하지 않을 때보다 지방으로 바뀌는 비율이 높다고 합니다.

체지방이 늘어나면 테스토스테론 분비가 저하되므로 이것도 주의하세요.

사실 알코올 자체로는 살이 잘 찌지 않습니다. 알코올은 엠티 칼로리라고 하여 우선적인 칼로리를 먼저 소비함으로 지방이 되기 어렵지만, 술의 칼로리를 소비하는 동안 다른 칼로리 소비가 멈추므로 술을 마시면서 먹는 음식은 하루 칼로리 요구량을 넘어 버리는 원인이 되기 쉽습니다.

엠티 칼로리의 진짜 의미는 '영양은 없으면서 칼로리만 있다'라고 하니…… 알고 보면 무서운 녀석입니다.

수많은 술 중에 소주와 위스키, 보드카 같은 증류주는 당질을 거의 함유하지 않아서 다른 술보다 저칼로리입니다.

맥주나 청주, 와인 같이 양조주가 아닌 증류주만 마시면 칼로리(에너지)나 당질의 섭취량을 억제할 수 있습니다. 또 맥주를 좋아하는

프로테인BAR에서 토핑으로 여직원의 침을 주문하는데, 한 번도 성공한 적이 없다.

사람은 당질이 제로인 맥주를 고르면 문제없는데…… 그렇게 말해도 술을 좋아하는 사람에게는 무리겠지요.

그만큼 술에는 끊을 수 없는 매력이 가득하니까요.

술과의 관계는 발기나 체중 유지와의 관계이기도 한답니다.

스트레스가 쌓이지 않는 식사 제한

여기까지 제 식생활에 관해 다양한 얘기를 드렸지만, 저 스스로는 그렇게 절제하고 있다는 감각이 없습니다.

억지로 참으면 오래가지 못한다는 것을 알기 때문입니다.

이것은 인간관계도 마찬가지입니다.

교제 중인 파트너에게 싫은 면이 있어도 미움받기 싫다는 이유로 참으면 언젠가 폭발해서 파국을 맞이하는 결과를 쉽게 상상할 수 있습니다.

그러므로 참는 것이 아니라 좋은 부분을 발견해서 그쪽에 의식을 돌립니다.

또 고쳐야 할 부분은 똑똑히 파트너나 자신과 마주하여 의견을 주고받으려고 노력합니다.

식생활에서도 지금까지 설명한 모든 것을 느닷없이 실천하려고 하면 억지로 참는 것들이 생기겠지요. 시미켄은 인내력이 강하니까 가능한 거다, 라고 말하는 사람도 있지만, 전 저를 인내력이 강하고 참을성이 많다고 느낀 적이 단 한 번도 없고, 참지도 않습니다.

적당히 숨을 돌려 가면서 '유지할 수 있는 수단을 모색해서 요령 있게 계속한다' 는 자세가 습관이 되면 성공입니다.

참으면 절대 오래가지 못합니다.
참는 것은 스트레스의 원인. 스트레스가 발기에 얼마나 나쁜 지……여태까지 주야장천 설명했으니 아실 겁니다!

체지방률이 높은 사람은 어느 정도 다이어트가 필요하겠지만, 절대 서두를 필요는 없습니다.
좋아하는 음식도 먹고, 절제와 스트레스의 균형을 잡으면서 한 달에 체중을 최대 4% 줄일 수 있다면 발기력 상승도 충분히 기대됩니다. 체중이 70kg인 사람이라면 2.8kg을 감량한다는 계산입니다.
그리고 **결과를 너무 고집하며 욕심을 부리면 절대 오래가지 못합니다.**
그러므로 무슨 일이든 얼마나 오래 유지하느냐를 모색해 가는 방법이 인생의 열쇠가 됩니다.

근력운동 메모　운동 후에 단백질을 섭취하는 골든타임의 강박관념이 상당하다.

아주 잘난 듯이 이것저것 설명한 저도 1일 3끼 식사×1주일=21끼의 식사를 한다고 칩시다.

횟수를 딱 정하지는 않았지만, 그중 8끼는 정크푸드나 라멘, 불고기, 이탈리안, 프렌치, 중화요리 등을 먹습니다. 특히 라멘과 츠케멘은 정말 좋아해서 주에 3끼는 먹습니다.

이것은 어디까지나 제 개인적으로 실감한 것인데, 두꺼운 면은 살이 찌지 않습니다. 그리고 어째서인지 발기에도 좋습니다!

거짓말 같겠지만, 제가 실감한 사실입니다.

발기는 정신 상태와도 관계가 크므로 어쩌면 사람마다 발기로 이끄는 정신상태가 되는 음식 재료나 식품이 다를지도 모르겠군요.

시미켄 스타일 하루의 식생활

(※하루에 촬영이 두 번 있는 경우의 스케줄)

9:00   기상

9:05   스포츠드링크를 따뜻한 물에 타서
            BCAA와 글루타민을 10g씩 넣어서 마시기.
            그 뒤에 MCT오일을 떨어뜨린 커피로 카페인을 보충.

9:20   실내자전거 10분, 연속 쥐었다 펴기, 스트레칭

9:40   근육을 깨우는 근력운동

9:55   발기 밥 2~3끼 만들기

10:10   아침 식사(발기 밥, 닭고기, 요구르트+건강보조식품)

12:00   첫 번째 촬영

15:30   촬영이 끝나고 점심(발기 밥+촬영지 도시락).
             헬스장으로 이동

16:10   헬스장에서 근력운동

17:20   근력운동 종료

18:00   두 번째 촬영

22:00   촬영이 끝나고 저녁(발기 밥) ※가끔은 그 뒤에 외식

27:00   취침

※하루에 3번 정도 단백질 셰이크를 마신다

근력운동 메모

'허리가 가늘어지고 싶어요'라며 등록하러 온 여성에게
트레이너가 최중량 벤트오버로우를 시키는 장면을 적이 있다.

127

MEMO

_____

_____

_____

_____

_____

_____

_____

_____

_____

_____

_____

_____

_____

_____

_____

근력운동 메모

중2병처럼 조트맨 컬이나 도리안 로잉 등, 잘
알려지지 않은 운동 종목에 푹 빠지는 시기가 있다.

제 5 장

나의 즐거운
근력운동 라이프

나에게 있어

꿈같은 나라라면

도쿄 디즈니랜드　　　유니버설 스튜디오

TDL, USJ,

그리고 G·Y·M!

근력운동 후에 먹는 식사까지가 트레이닝이다

발기력을 높이는 테스토스테론은 과한 운동을 하면 분비가 증가하기 때문에 근력운동만 해도 증가합니다. 그리고 근력운동으로 테스토스테론의 수용체(리셉터)가 되는 근육을 단련하면 분비가 더욱 촉진됩니다.

그러나 근육을 단련하자고 근력운동만 해서는 안 됩니다.

근력운동의 효과를 높이려면 식생활에도 소홀히 하면 안 됩니다.

근력운동의 효과는 '먹는 음식으로 정해진다!'라고 말해도 과언이 아닐 정도로 근육의 재료가 되는 단백질이 부족하면 근육은 발달하지 않습니다.

또 에너지원이 되는 당질(탄수화물)이나 지질은 지나치게 섭취하면 남은 부분이 지방이 되어 버립니다.

그래서 저는 식사에도 조금 신경을 씁니다. 부분적으로 조금 더 근육을 단련하고 싶은 부분이 있지만, 근육량이나 체지방률은 지금 정도가 딱 좋습니다.

그리고 근육량과 체지방률의 유지=발기력 유지라고 생각하여 요 10년간 아침밥과 트레이닝 후에 먹는 밥이 '거의' 같습니다.

이것저것 시험해본 결과, 이런 결론에 도달했습니다.

'거의'라고 쓴 이유는 몸이 익숙해 버리지 않도록 요구르트 종류나 먹는 양을 바꾸는 등 '조금씩' 변화를 주기 때문입니다.

항간에는 수많은 트레이닝 책과 퍼스널 트레이닝 체육관이 있는데, 대체로 다다르는 결론은 똑같이 '스쿼트'입니다.

인간이 극한까지 달려도 9초대 후반이 한계인 것과 마찬가지로 사람이 최종적으로 다다르는 곳은 거의 똑같습니다.

제가 신경을 쓰는 점은 **아침과 운동 후에 먹는 식사, 살짝 공복일 때 먹는 음식**뿐입니다.

점심은 들고 다니는 '발기 밥'을 먹고, 촬영 현장에서 나오는 도시락이나 라멘 등을 먹습니다.

밤에도 회식이 많아서 대체로 고칼로리 외식. 자정이 넘은 후에 라멘을 먹는 일도 다반사입니다.

저는 '나쁜 음식만 먹으면 몸이 나빠진다. 몸에 좋은 음식을 먹고, 나쁜 음식을 먹으면 소멸하거나, 혹은 아주 살짝 좋은 결과가 된다.'라고 생각합니다.

물에 타서 먹는 수입 보충제는
새빨갛거나 초록색이거나 새파랗거나 색깔들이 화려하다.

밤이면 숯불구이나 라멘을 먹기 전에 '발기 밥'으로 위 속에 풀을 깔아 둡니다. 그런 후에 외식을 하면 엄청 살이 찌거나 몸 상태가 나빠지지 않습니다.

오히려 맛있는 음식을 어렵지 않게 먹고, 정신적으로도 굉장히 만족스러운 상태가 됩니다!

즐거운 식사는 멈출 수 없지요.

그러므로 몸에도 좋고, 먹는 것도 즐기는 것이 최고입니다.

대나무
보다는   고기

헬스장은 인생의 오아시스!

제 인생은 헬스장에 몇 번이나 구조되었을까요.

저는 헬스장이 없었다면 얼마나 쓰레기 인간이 되었을까요.

제가 헬스장을 만나지 못했다면……지금의 저는 없었습니다.

제게 근력운동은 없어서는 안 되는 것.

헬스장에 다니는 것이 인생의 일부가 되었습니다.

제게 헬스장은 오아시스입니다.

힐링을 주는 장소입니다.

"피곤하다~"라고 입 밖에 내뱉었을 때, 사실 그 피곤에는 두 종류가 있다는 사실을 알고 계십니까?

하나는 '마음의 피곤'

또 하나는 '육체의 피곤'입니다.

'마음이 피곤해졌을 때'란 일이나 인간관계로 피곤해지거나, 의욕이 없는 등 스트레스가 쌓인 상태입니다.

그에 반해 아빠가 자식의 운동회에서 오랜만에 달렸더니 온몸에 근육통이 생겼다던가, 다 같이 오랜만에 축구를 해서 몸이 녹초가 됐다던가, 물리적으로 근육이 피곤한 상태가 '육체가 피곤해졌을 때'입니다.

하지만 사람이 "피곤하다~" 라고 입 밖에 냈을 때는 대부분 '마음의 피곤=스트레스가 쌓인 상태'입니다.

외근으로 오늘 2만 걸음을 걸었다, 종일 서서 일한 날 등은 '육체의 피곤=근육이 피곤한 상태'지만, 사실 마음도 함께 피곤한 상태입니다.

하지만 **마음의 피곤은 육체의 피곤으로 없앨 수 있습니다.**

몇 번이고 강조했지만, 스트레스는 원래 쌓이는 것입니다. 발산하는 방법은 뱉어내는 행위뿐입니다.

근력운동 메모
일반인은 보충제를 보며 "몸에 나쁠 것 같아."라고 말하는데, 운동하는 사람은 "효과 좋아 보이네!"라는 반응을 보인다.

마음의 피곤은 스트레스가 쌓인 상태이므로 힘, 땀, 소리를 낼 수 있는 헬스장은 마음의 피로를 내뱉는 데 최적의 장소입니다.

그리고 운동하면 성장호르몬이 증가하여 몸이 젊어지고 남성호르몬이 증가하여 의욕이 가득 차게 되는 장점뿐입니다.

그리고 육체의 피곤이 마음의 피곤을 뛰어넘으면 잠이 잘 옵니다!

마음이 피곤할 때=스트레스가 쌓였을 때는 침대에 누워도 생각에 빠지거나 불안감에 좀처럼 잠자리에 들지 못할 때가 있지 않습니까?

그런데 육체가 피곤하면 그런 생각을 할 여유도 없이 바로 잠이 듭니다. 마음의 피곤은 육체의 피곤으로 날려 버립시다!!

그 정도로 피곤할 때야말로 운동하는 편이 좋습니다.

헬스장에 가지 못한다면 피곤해져 있을 때 '똥 싸는 자세'를 해서 마음의 피곤을 날려버립시다!

근력운동 메모

운동하는 사람은 프로테인 맛을 심하게 따진다.

자신의 몸과 대화하고 있습니까?

운동으로 얻을 수 있는 장점은 스트레스 발산, 성장호르몬, 남성호르몬 분비, 멋진 몸 만들기뿐만이 아닙니다.

자신의 몸과 대화할 수 있다는 장점도 있습니다.

종종 근육질인 사람이 "근육과 대화한다"라고 말하면 '바보 아냐?'라고 느낀 사람도 있을 겁니다.

그런데 이것은…… 정말 중요합니다.

근육과 신경 등, 자신의 몸과 제대로 대화하지 않으면 나이를 먹어가면서 '의도한 움직임'과 '실제 움직임'에 오차가 생겨서 운동회에서 넘어지는 아버지처럼 되어 버립니다.

운동신경이 좋은 사람에게는 공통으로 **'몸을 자신의 의도대로 움직일 수 있다'**라는 특징이 있습니다. 그런 능력을 키우기 위해서 근육과 신경 등 자신의 몸과 대화하는 기회를 계속 만듭시다!

137

여성이 남성에게
성적 매력을 느끼는 부분은?

여러분은 이성이 눈앞에 있을 때 제일 먼저 어디를 보나요?

남성이 여성을 보면 가슴이나 엉덩이, 다리 등에 눈이 가는 분이 많지 않습니까?

이것은 가슴의 굴곡이나 동그란 엉덩이, 탄탄한 허벅지에서 여성의 성적인 매력을 느끼기 때문에 저절로 눈이 가는 것입니다.

저는 얼굴(눈을 보고 얘기한다는 의미에서 얼굴)→겨드랑이 주변→엉덩이→가슴 순으로 눈이 갑니다.

그럼 여성은 남성의 어디를 보고 성적인 매력을 느끼는지 혹시 아십니까?

답은 의외로 '엉덩이'라고 합니다. 남성의 엉덩이를 보고 '섹시하다'라고 느끼는 여성이 많다고 합니다.

정말 의외였습니다.

틀림없이 '탄탄한 가슴팍'이나 '두꺼운 팔뚝' '왕(王)자로 나뉜 복근' 등에 성적인 매력을 느낄 줄 알았더니…… '탄력 있게 올라간 엉덩이'라니요!

이러니 더욱 똥 싸는 자세가 중요하지요! 역시 엉덩이를 탄력 있게 단련해 둬야 합니다.

하체 단련은 백익무해인 셈입니다.

팔뚝을 두껍게 하고 싶다! 복근을 王자로 만들고 싶다! 생각하는 남성은 분명 많을 겁니다.

그럴 때 암 컬이나 복근운동을 하지 않습니까?

사실은 두꺼운 팔과 王자를 만드는 데에도 '똥 싸는 자세'가 효과가 있답니다!!

팔 근육은 작은 근육군입니다. 그래서 아무리 단련해도 '작은 봉투에 담겨 있는 상태'에 불과합니다. 그러므로 **근육을 담기 위한 봉투를 크게 만들어야 팔도 효율적으로 두꺼워집니다.** 그 방법이 똥 싸는 자세로 시작하는 스쿼트입니다.

하체 근육은 전신 근육의 약 70%를 차지합니다.

하체 근육량이 늘어나면 전신 근육량이 늘어납니다.

제가 헬스장에 등록했을 때 트레이너가 "팔뚝이 43cm를 넘어가면 여자가 끊이지 않는다"라며 제일 먼저 제게 시킨 운동이 '스쿼트'였습니다.

운동 업계에서는 '**남자는 닥치고 스쿼트!**'라는 유명한 신조가 있습니다.

헬스장에서는 스쿼트를 할 때
깊숙이 앉지 않으면 인정받지 못한다.

복근을 만들고 싶은 경우에도 무조건 똥 싸는 자세, 스쿼트를 해야 합니다.

복근은 원래 갈라져 있는 근육인데, 그 위에 지방이 쌓여서 '묻혀 있는 상태'인 것뿐입니다. 그러니까 가장 칼로리 소비가 많은 똥 싸는 자세나 스쿼트를 하라는 것입니다.

또 스쿼트는 앞에도 언급했다시피 근력운동 종목 중에서도 유일하게 '심폐기능도 단련할 수 있는 운동'이므로 전신 근육의 약 70%를 차지하는 하체를 단련하는 똥 싸는 자세, 스쿼트는 그야말로 만능 운동입니다!

마지막으로 다시 한번 똥 싸는 자세, 스쿼트의 장점과 단점을 들어 봅시다.

똥 싸는 자세, 스쿼트를 하면……
- 노후에도 하반신이 튼실하다
- 페니스가 건강해진다
- 엉덩이 운동도 되어서 여성에게 인기가 많아진다
- 남성호르몬이 나와서 의욕이 넘친다
- 팔뚝이 굵어진다
- 복근이 잘 생긴다
- 심폐기능도 단련된다

스쿼트를 할 때 얼마나 깊이 앉느냐로
그 사람이 얼마나 진지한지 알 수 있다.

반대로 단점을 쓰자면……

- 없다

어이, 잠깐! (웃음)

이렇게 된 이상 똥 싸는 자세, 스쿼트는 하지 않으면 손해입니다!

성공하는 사람은 하고 나서 고민하고

실패하는 사람은 하기 전부터 고민한다.

그러니까 지금 당장 하라, 똥 싸는 자세를!

어떠셨습니까? 똥 싸는 자세 책.

저 자신이 운동으로 인생을 바꾼 사람이어서 운동의 훌륭함과 재미, 깨달은 점 등을 어떻게든 세상에 전하고 싶었고, 헬스장에 있는 개성적인 사람들을 소개하고 싶다는 마음이 후소샤에 전해져서 이번 집필에 이르게 되었습니다.

그러나 책 제작은 만만치 않았습니다.

처음 제안을 받았을 때는 평범한 '근력운동 책'이었습니다.

제 근육이 그렇게 대단한 것도 아니고, 저보다 크고 멋진 몸을 가진 사람은 아주 많습니다. 그래서 설득력이 떨어졌습니다. 그럼 차라리 저밖에 쓸 수 없는 '하체 강화' 운동 책을 쓰고 싶다고 전했습니다.

또 저는 지금까지 셀 수 없을 정도로 '발기에 효과 있는 ○○'라는

취재를 많이 받아왔습니다. 그때마다 "스쿼트를 하세요."라고 말해왔는데, 그렇게 말해도 하지 않는 사람이 대부분이라는 사실을 깨달았고, 거기서 고안해낸 것이 '똥 싸는 자세'였습니다.

정말이지, 제 인생에는 정말 '똥'이라는 단어가 떨어지지 않네요 (웃음).

이 책을 읽어주신 여러분, 정말 감사합니다!

똥 싸는 자세를 실천하고, "이렇게 인생이 바뀌었다!"든지 "이렇게 좋은 일이 일어났습니다!"라는 결과가 있었다면 얼마든지 들려주세요. 그리고 주변사람들에게도 똥 싸는 자세를 퍼트려주세요.

전 세계가 평화롭기를 빌면서…….

2018년 2월 시미켄

시미켄

1979년 치바현 출신. AV 배우경력 20년, 출연작 9,300편, 그동안 함께 해온 파트너 약 1만 명, 일본 AV 업계의 탑 배우이자 성(性)의 구도자. 취미는 독서, 브레이크댄스, 근력운동, 퀴즈 등. 도쿄 오픈 보디빌딩 선수권대회 60kg급 6위 입상(2005년)을 계기로 피트니스 분야에서도 활발히 활동하고 있다.
2019년에는 한국 독자들을 위한 유튜브 채널 '시미켄 TV'를 개설하여 한국 활동을 시작했다. 저서로 「SHIMIKEN's BEST SEX - 최고의 섹스 집중강의」, 「배우 시미켄 - 빛나는 쓰레기이고 싶다」 등이 있다.

twitter:@avshimiken

협력 　미토미 마사유키 (프로레슬러)
구성 　타니구치 요이치
사진 　야마다 코지, 남바 유지
북디자인 　스즈키 다카유키
일러스트 　이토 햄스터
편집 　다카하시 카스미
[한국어판]
번역 　김봄
편집 　MSN 편집부

시미켄의 몸만들기 강좌 '똥싸는 자세'로 남성의 고민 해결!

2018년 10월 15일 초판 1쇄 발행
2019년 6월 15일 초판 2쇄 발행

저자 　시미켄
발행인 　박관형
발행처 　ㅁㅅㄴ(MSN publishing)
주소 　[13812] 경기도 과천시 용마2로 3, 201호
웹 　http://msnp.kr
메일 　mi-sonyeo@naver.com
FAX 　0505-320-2033

ISBN 　979-11-87939-13-9 13590

UNKOZUWARI DE OTOKO NO NAYAMI NO TAIHAN WA KAIKETSU SURU!
Copyright © SHIMIKEN 2018
All rights reserved.
First Original Japanese edition published by FUSOSHA Publishing Inc.
Korean translation rights arranged with FUSOSHA Publishing Inc.
through CREEK & RIVER Co., Ltd and CREEK & RIVER ENTERTAINMENT CO., Ltd